ソフトウェア設計論

— 役に立つ UML モデリングへ向けて —

博士（情報科学） 松浦　佐江子　著

コロナ社

まえがき

　ソフトウェア開発とはなにか，考えてみたことはありますか？
　コンピュータは私たちの生活のあらゆる場面に登場し，ソフトウェアを工夫することで私たちの暮らしを便利にかつ豊かにするサービスを提供しています。こうした役に立つ，使いやすいサービスを提供するためには，どのようなソフトウェアを創れば，どんな場面でどのように役立つのかを明らかにする必要があります。そして，明らかにしたことをコンピュータが実行できるように，コンピュータが理解できる指示書を皆さんがつくるわけです。私たちが役に立つサービスを考える技術や，コンピュータへそれを正しく指示できる技術をもつことが必要です。
　ソフトウェアをつくるためには，プログラミング言語を知っていれば大丈夫と考えている人もいるかもしれません。でも，本当に必要なものを適切につくれなければ誰も使ってはくれません。リッチな機能をもつシステムは大規模で複雑です。人々の要求は限りないので，素早く対応しなければなりません。一人の力でつくれるものは限られます。本書では，役に立つソフトウェアをどのように考えながらつくっていくのかを，モデリング言語 UML（Unified Modeling Language）を用いて説明します。
　モデルはアイデアをスケッチするのには有効だが，それ以上のものではない，と思っている人もいるでしょう。確かに，モデルは，要求を分析し，設計のアイデアを整理し，表現するものですが，そのアイデアをコンピュータへの指示書に正しく反映できなければ役に立ちません。モデリング言語の使い方次第で，役に立つモデルになるかどうかが決まるのではないでしょうか。ソフトウェア開発に携わりたいと考えている皆さんには，役に立つモデルをつくり，役に立つソフトウェアを考える力をつけてほしいと思っています。

まえがき

モデリングとは，対象を表す模型（モデル）によって，対象のある側面をわかりやすくとらえる作業です．ソフトウェア開発ではなんのためにモデルをつくるのでしょうか？ソフトウェアは，最終的にはプログラミング言語で書かれた命令列をコンピュータがその順番どおりに実行することで，人々が要求していたことを直接的あるいは間接的に実行するものです．人々の要求という，曖昧で，不正確で，実現できるかもわからないものを，その人々が「思っていることができる！」と思えることを実現する指示書としてつくり込むわけです．指示書ができ上がるまでには，要求項目を決める，要求項目を実現する方法を決める，この方法を効率よく特定の環境で実現する方法を決定する，決定に従ってプログラミング言語を使って指示書をつくる，指示書がこれらの決定に従っているかどうかをテストする，といった段階を踏みます．このような段階形式で作業を進めていくためには，そのときには考えなくてもよいことを捨てて必要な側面だけを明らかにする，という**モデリングの観点**を学習することが，役に立つソフトウェアをつくることにつながります．

観点をとらえてうまく対象の性質をモデリングできたとしても，それが適切であるかどうかを確認することも重要です．この適切であるかどうかの基準が，ソフトウェアの**品質**です．

- 課題文を読み，要求をとらえてUMLで定義する．定義したものが妥当かどうかを検討する．定義した要求はどのような品質を保証できるかを考える．
- 定義した要求をプログラミング言語Javaで定義できるようにUMLで定義する．定義されたものが要求を満たしているかを検討する．

本書では，こういったプロセスをシンプルな事例を用いて解説し，モデリングの観点と品質について一緒に考えていくことにします．

ソフトウェア関連の用語については，広義・狭義も含め，いろいろな使われ方をすることが多いと思います．ここでも，特定の概念には妥当な定義を与えて解説していきたいと思います．

本書では，例えばWebアプリケーションのフレームワークや，データベー

スとの接続などの具体的な方法には言及しません．それらを利用して，いかにつくりたいソフトウェアを設計していくかが本書の主な目的です．

　ソフトウェア開発に携わりたいと考えている学生の皆さんが，本書を通じて，人・社会・環境の中で役に立つソフトウェアをつくってみたいと思うようになっていただければ幸いです．

2016年8月

松浦　佐江子

目　　　次

1. ソフトウェアとは

1.1 ソフトウェア開発とは……………………………………………………… *1*
　1.1.1 ソフトウェアの役割 …………………………………………………… *1*
　1.1.2 ソフトウェアのライフサイクル ……………………………………… *2*
1.2 ソフトウェアの品質 ………………………………………………………… *3*
　1.2.1 品質をつくり込むとは ………………………………………………… *3*
　1.2.2 機能要求と非機能要求 ………………………………………………… *5*
1.3 オブジェクト指向開発と UML …………………………………………… *8*
　1.3.1 モデリングの観点とソフトウェアの構造 …………………………… *8*
　1.3.2 UML の 役 割 …………………………………………………………… *12*

2. 事　　　例

2.1 会議室予約システム ………………………………………………………… *21*
　2.1.1 初 期 要 求 文 …………………………………………………………… *21*
　2.1.2 課題の特徴と本書での扱い方 ………………………………………… *23*
2.2 長方形エディタ ……………………………………………………………… *25*
　2.2.1 初 期 要 求 文 …………………………………………………………… *25*
　2.2.2 課題の特徴と本書での扱い方 ………………………………………… *27*

3. 要　求　分　析

3.1 要求分析の目的とレビューポイント ……………………………………… *30*
　3.1.1 ユースケース分析 ……………………………………………………… *30*
　3.1.2 ユースケース図とユースケース記述 ………………………………… *33*

3.1.3　データモデリングとクラス図 …………………………………… 37
3.2　会議室予約システムの要求分析 ……………………………………… 40
　3.2.1　システムの目標とステークホルダー ……………………………… 40
　3.2.2　ユースケース ……………………………………………………… 45
　3.2.3　データモデリング ………………………………………………… 49
　3.2.4　ユースケース記述 ………………………………………………… 53
　3.2.5　非機能要求の観点からの分析 …………………………………… 57
3.3　長方形エディタの要求分析 …………………………………………… 63
　3.3.1　ユースケース ……………………………………………………… 63
　3.3.2　ユースケース記述の基本フロー ………………………………… 66
　3.3.3　データモデリング ………………………………………………… 69
　3.3.4　ユースケース記述の例外フロー ………………………………… 73
3.4　事例の考察 ……………………………………………………………… 82
　3.4.1　会議室予約システム ……………………………………………… 82
　3.4.2　長方形エディタ …………………………………………………… 84

4. 設　　　　　計

4.1　要求分析から設計へ …………………………………………………… 86
4.2　構造の設計 ……………………………………………………………… 88
　4.2.1　クラス図とオブジェクト図による構造のモデリング ………… 88
　4.2.2　クラスと関連 ……………………………………………………… 95
　4.2.3　クラス図の確認 …………………………………………………… 100
4.3　振舞いの設計 …………………………………………………………… 100
　4.3.1　シーケンス図の目的 ……………………………………………… 100
　4.3.2　クラスへの操作の割当て ………………………………………… 102
　4.3.3　シーケンス図の確認 ……………………………………………… 115
　4.3.4　ステートマシン図の目的 ………………………………………… 116
4.4　モデルからプログラムへのトレーサビリティ ……………………… 119

4.5	会議室予約システムの構造と振舞いの設計	128
4.6	長方形エディタの構造と振舞いの設計	135
4.7	考察	148

5. 設計から実装へ

5.1	共通部分の設計	152
5.2	リファクタリングとデザインパターン	163
5.2.1	イテレータパターン	163
5.2.2	テンプレートメソッドパターン	173
5.3	モデルからのコード生成	184
5.4	考察	199

6. 役に立つUMLモデリングへ向けて

6.1	モデリングの原則	201
6.2	モデル駆動開発と関連技術	204
6.3	まとめ	210

付録 212
- A.1 UMLモデリングツール 212
- A.2 ユースケース「認証する」のプログラム 213

引用・参考文献 219
索引 220

1 ソフトウェアとは

本章では，ソフトウェア開発の流れと，モデリングの観点について解説し，ソフトウェアをつくるときに，なにを考えればよいかについて整理する。

1.1 ソフトウェア開発とは

1.1.1 ソフトウェアの役割

コンピュータのできることは「あらゆる計算可能な数を人より速く正確に計算する」ことであるといえる。この能力を最大限に生かすために，ソフトウェアがあり，人間の暮らしを豊かにするためのさまざまな**サービス**を提供している。ここでのサービスとは「コンピュータを使用して社会におけるさまざまな問題を解決する手段の提供」を意味する。

サービスはコンピュータを利用した**システム**によって提供される。システムは単独のパーソナルコンピュータ（以下 PC）であったり，ネットワークで連結したコンピュータであったり，特定の装置に組み込まれたコンピュータであったりする。

ソフトウェアは，「サービスを実現するために，コンピュータがどのように動作すればよいかの指示を記述したコンピュータへの指示書」である。そして，コンピュータへの指示書を記述する言語がプログラミング言語であり，「プログラミング言語で書かれたコンピュータへの指示書」を**プログラム**と呼ぶことにする。

サービスを「コンピュータを使用して社会におけるさまざまな問題を解決す

る手段の提供」と考えると，サービスは，これらのシステムが「＊＊できる」という言葉で表現することができる。「＊＊できる」ということは，ソフトウェアの「機能」と呼ばれている。例えば，インターネットショッピングでは，いろいろな種類の商品を選ぶことができる，気に入った商品を注文することができる，注文をキャンセルすることができるなどなど，商店へ行かなくても，いつでも好きなときに，気に入った商品を購入することができる，という一つの解決策を消費者に提供している。

　コンピュータを使用して社会におけるさまざまな問題を解決することにより，人，社会，環境へ有益な効果をもたらすことができる。しかし，有益な効果をもたらすには，開発者が本当に必要なことを，ソフトウェアとして正しくつくらないと意味がないことに注意してほしい。サービスが，人，社会，環境に有益な効果をもたらせるかどうかの鍵を握るという点で，ソフトウェアは大きな役割を担っている。

1.1.2　ソフトウェアのライフサイクル

　先に述べたインターネットショッピングは，ほしい品物を手軽に手に入れたいという要求に対して，一つの解決策を与えているが，ビジネスの世界は競争が激しいので，いろいろな付加価値を付けて顧客を引き付けたり，増やしたりしなければならない。また，利用者もさらなる利便性を求める。一つのサービスも利用者の要求やハードウェアの進化で変化し続け，それに伴い，ソフトウェアも変化しなければならない。

　このように，ソフトウェアは人々の要求から出発し，その解決策をプログラムとして実現した後も，その役目を終えるまで新たな要求を取り入れて進化し続ける。**図 1.1** の外側のサイクルがこれを表している。大規模で複雑なものを考えるときの一つの手段として，観点を変えて段階的に物事を考えるという方法がある。サービスの開発では，**要求分析**，**設計**，**実装**という異なるモデリングの観点の段階を経てプログラムを作成する。各段階において，作成されるものを**プロダクト**と呼ぶ。これらは段階ごとに，仕様書，設計書，プログラムと

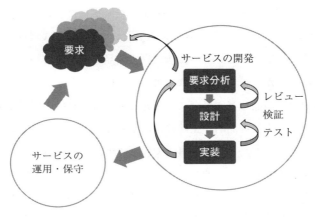

図 1.1 ソフトウェアのライフサイクル

呼ばれる。プロダクトがその前段階のプロダクトを満たしているかを確認する方法として，レビュー，検証，テストがある。図 1.1 のサービスの開発の内側のサイクルがこれを示している。要求へ向かった矢印は，要求分析のプロダクトがそもそもの要求を満たしているかを確認する作業である。これらを合わせて，ソフトウェアの**ライフサイクル**と呼ぶ。

　要求の変化に伴い，プロダクトを適切に変更しなければならない。そこで，ソフトウェアが変更しやすいという性質をもっていることは重要である。このソフトウェアの性質を**保守性**と呼ぶ。この性質はソフトウェアのライフサイクルにおいて大きな意味をもち，サービスの開発の間につくり込む必要がある。

1.2　ソフトウェアの品質

1.2.1　品質をつくり込むとは

　1.1.1 項で述べたように，ソフトウェアは「サービスを実現するために，コンピュータがどのように動作すればよいかの指示を記述した，コンピュータへの指示書」であり，システムが「サービスを実現するために＊＊できる」というソフトウェアの「機能」をプログラムとして定義する。1.1.2 項で述べた要

求分析，設計，実装の段階を経て，要求を満たすプログラムをつくるわけであるが，「要求を満たす」とは「＊＊できる」というだけでよいのだろうか？

インターネットショッピングの機能には，商品を選ぶことや，商品を注文することがある。しかし，ただ選べればよい，とにかく注文できればよい，というわけではない。商品を選ぶ場合に，例えば「今日は目的の商品があり，それを探したい」とする。商品名が正確にはわからないときには，近いキーワードで探したり，カテゴリーやジャンルといった分類で探したりして，「簡単に」目的の商品にたどり着けると便利である。たくさんの商品が検索できたら，今度は「見やすい」ように商品を絞り込んだり，順番にページを「サクサクとたどってみたり」できるとさらによい。また，商品の写真を拡大してよく見ることができると「わかりやすい」だろう。お気に入りが見つかったら，「スムーズに」買い物かごに入れられるとよいし，支払いをカードでするならば，大事な情報を「安全に」相手に送れないと心配である。

このように，ソフトウェアには，価値のある，役に立つサービスとするために満足すべき性質がいくつかある。例えば，国際標準化機構 ISO（International Organization for Standardization）で策定されている規格の一つであるソフトウェア品質特性の規格では，下記のように六つの性質が定義されている。これらの性質は，ソフトウェアをつくる際に念頭に置くべき事項であり，またつくられたソフトウェアがこれらの性質を満足しているかどうかについて，つねに検討する必要がある。

〔1〕**機　能　性**　　ソフトウェアは，「＊＊できる」ということを，ユーザの要求や開発システムが遵守すべき規格・法律・規則などに従って適切に処理し，期待される正しい結果をもたらすことが必要である。また，ソフトウェアやその対象となるデータに関して不当なアクセスを排除できるように，セキュリティに関する要件も満たさなければならない。

〔2〕**使　用　性**　　ソフトウェアが役に立つ機能を提供していても，難しくて使いこなせなければ，結局は役に立たない。わかりやすく，操作がしやすく，誰でもすぐに使えるようになることが大切である。

〔3〕**信 頼 性**　交通管理や銀行などのシステムのように，故障による社会的影響の大きいシステムの場合には，ソフトウェアがその機能をきちんと維持できることが大切である．また，障害が発生してもその影響を最小限に食い止め，短時間に容易に復旧できるようにするための工夫が必要になる．

〔4〕**効 率 性**　ソフトウェアは限られたコンピュータの資源，例えばメモリなどを利用するため，実行時には，効率よくその資源を利用しなければならない．さらに，大量のデータに対しても，処理時間や応答時間を短くする工夫が必要である．

〔5〕**保 守 性**　コンピュータを利用したサービスが増加・拡大しているということは，サービスを実現する膨大な量のソフトウェアを開発しなければならないということである．そのために，すべてを新規に開発するのではなく，これまでのソフトウェア資産を再利用することによって，開発が行われる必要がある．すなわち，ソフトウェアは一度つくられたら絶対に変わらないのではなく，つねに変更されるという意識が不可欠である．そこでソフトウェアは，新たな要求に対して変更しやすいように，その内容がわかりやすく，変更によって予期せぬ問題を引き起こさないことを保証するような性質をもつ必要がある．

〔6〕**移 植 性**　ソフトウェアはさまざまな異なる種類のコンピュータの上で動作する．したがって，同じサービスを提供するソフトウェアが，さまざまな異なる種類のコンピュータでも容易に動作するようにできることが必要である．

　役に立つサービスを開発するには，このようなさまざまな環境の中で，そのサービスに必要な性質を満たすようにソフトウェアをつくり込む必要がある．

1.2.2　機能要求と非機能要求

　サービスは「社会におけるなんらかの問題を解決する手段の提供」であるので，ソフトウェアはその実現の目的や目標をもつ．目標を達成するために「＊＊できる」という要求は**機能要求**と呼ばれる．その他の要求をまとめて**非機能**

要求と呼ぶ．非機能要求には，前述の品質に関する要求に加えて，例えば，つぎのような要求もある．
- 利用するユーザの特性
- 利用するハードウェアや外部システムとの関係
- ユーザ数，同時アクセス数，処理データ量に対応した性能に対する要求

これらが例えばどのようなことかを説明しよう．

IT 機器が生活空間に入り込んできた昨今ではあるが，誰もが同じように機器を操作し，有効活用できるとはかぎらない．普段，機器を操作しない人にとっては，通常の業務は遂行できても，コンピュータと向き合った作業をうまくこなせない場合もある．

スマートフォンには PC にはないセンサや GPS（global positioning system）が搭載されている．例えば，タクシーを呼ぶサービスでは，GPS を使って，いま自分がどこにいるのかを自分はよくわかっていない場合でも，タクシー会社に正確に知らせることができる．このように，システムのもつハードウェアや連携する外部システムにより，実現できるサービスの内容が変わってくることがある．すでに提供されているサービスをつなげて，よりリッチなサービスが創れる可能性がある．

サクサク使えて停止しない環境は重要であり，そのサービスが扱うユーザ数，同時アクセス数，処理データ量に対して適切に処理可能な性能を満たす必要がある．

この他にも，ソフトウェアをつくる際に，いろいろと考慮しなければならない要求がある．これらの要求はたがいに関係することがあるので，いつ考えればよいのかが，開発の手戻りを防ぐためにも重要なポイントであることに注意しよう．また，すべての要求を受け入れることは必ずしもできない．相反する要求もあるので，妥当な線引きが必要である．また，コストや期間の観点からも，すべての要求を取り入れることはできないので，優先度を付けるべきである．

このようないろいろな要求をまとめたドキュメントを**要求仕様書**と呼ぶ．要

求仕様の標準的な構成例として，IEEE-std 830-1998[1]†が有名である。興味のある人は，どのような項目をどのような章立てで記述するのかを読んでみるとよい。

この標準の中で，機能要求を定義するために，なにに着目すべきかを考えてみよう。

機能とは，システムが「＊＊できる」ことであった。IEEE-std 830-1998 では，機能要求とは「入力の受理や処理時の出力の処理や生成時に，ソフトウェアの内部で生起する基本的な動作」としている。「＊＊できること」を達成するために，ソフトウェアの骨格となるのはつぎの項目である。

- どのような**入力**が必要か。
- どのような**出力**が期待されるか。
- 入力から出力を得るための**処理手順**はなにか。

図 1.2 は，これらの項目の関係を示している。人がなにかを入力して，システムが処理手順に従って処理を行い，なにかを出力することで，人が「＊＊できた！」と思えるように，入力-処理手順-出力を決めるということである。すなわち，これらの項目がわかれば，適切な入力を処理手順とおりに処理すれば期待される出力が得られることにより，ある機能が達成できるということになる。

図 1.2 機能要求の構造

---

† 肩付数字は，巻末の引用・参考文献の番号を表す。

さて，この処理手順はいつでもうまくいくのだろうか？ 入力によっては，処理ができない場合もあるだろう。期待した結果が出ないこともある。「処理できない，期待した結果が出せない場合にはなにを出力すべきか」ということも，きちんと決めておかないと，利用者はなにが起こったのかがわからない。うまくいく場合を**基本フロー**，うまくいかない場合を**例外フロー**と呼び，うまくいかない条件を明らかにする。

さて，機能要求の骨格は理解できただろうか。ここまで述べてきた非機能要求は，このような機能要求の骨格に対して，分析し，実装していかなければならないことに注意しよう。例えば，

- もっと早く処理できるように，手順を工夫する，
- もっとわかりやすいように出力を工夫する，
- 誰彼かまわず機能を使えると困るので，使える人を限定する

などなどを，処理を分けたり，処理手順を工夫したり，足りない機能を追加したりすることで，役に立つサービスが実現される。

ここまで，ソフトウェアの役割，開発の流れ，つくり込まなければならない要求について簡単に述べてきた。つぎは，これらの要求をソフトウェアとして実現するための道具として，オブジェクト指向開発という考え方と，モデリング言語 UML（Unified Modeling Language）について説明する。

1.3 オブジェクト指向開発と UML

1.3.1 モデリングの観点とソフトウェアの構造

大規模で複雑なものは，うまく構築しないと理解することが難しい。多くの機能をもたせ，さまざまな非機能要求を満たすようにしようとすると，ソフトウェアは複雑になる。

大規模で複雑なものを扱う場合には，二つの考え方がある。一つは**分割統治**の考え方であり，もう一つは**段階的詳細化**の考え方である。分割統治は，解くべき問題を部分問題に分割し，それらの解を用いて全体の解を導く方法であ

る。段階的詳細化は，複数の段階に区切って，その都度の観点から問題を解き，その解からつぎの解を導く方法である。**図 1.3** はこの様子を表しており，前の段階で得られた全体解を満たすようにつぎの段階での問題を解くことで，初めの問題の解となるプログラムを得ることができる。すなわち，最終的には，プログラムは問題を解くソフトウェアの**振舞い系列**となる。

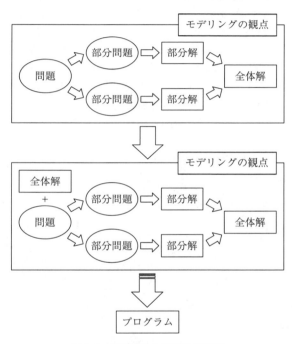

図 1.3 分割統治と段階的詳細化

ソフトウェア開発の場合には，前者の分割統治の単位が，**モジュール**と呼ばれるソフトウェアのある種の役割をもつ単位であり，これがソフトウェアの**構造**を決めるものである。部分解の組合せで全体解が決まるので，モジュールは解の振舞い系列を決定する関係をもつ。こうした構造的な視点，振舞い的な視点でソフトウェアをとらえたものを**モデル**と呼ぶ。

後者の段階的詳細化が**開発プロセス**になり，各段階において，どのような視点でモデルを考えるかが**モデリングの観点**となる。1.2.2 項で示した機能要求

の構造が，要求分析の段階における一つのモデリングの観点であり，図1.3のプロセスの始まりでもある。本書ではこの段階を**要求分析**，**設計**，**実装**として

コーヒーブレイク

開発の現場では…

　モデリングとは，対象を表す模型（モデル）によって，対象のある側面をわかりやすくとらえる作業である。ソフトウェア開発では，機能要求と非機能要求を見極めて要求を分析し，システムのアーキテクチャに沿った設計を行い，最終的にプログラミング言語で定義したプログラムへとつなげていかなければならない。しかし，開発現場では要求分析，設計，実装によりプロダクトを作成するが，開発するのはさまざまなスキルの人間であり，実際には，下図のようにギャップに悩まされている。ギャップの原因は，プロダクトの定義の曖昧性・正確性の欠如，開発者の誤解や思い込み，暗黙知の存在などが挙げられる。

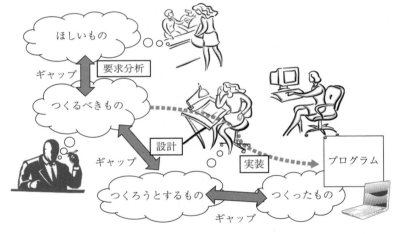

ソフトウェア開発プロセスにおける問題点

　モデルはアイデアをスケッチするのには有効だが，それ以上のものではないと思っている人もいるかもしれない。確かに，モデルは要求の分析，設計のアイデアを表すものになるが，そのアイデアをコンピュータへの指示書に正しく反映し，上記のギャップをつくらないようにしなければ役に立たない。モデリング言語の使い方をよく考え，本当に**役に立つ**モデルになるかどうかということに注意して作業してほしい。

説明する。

　オブジェクト指向は，このモジュールをデータとデータに付随する振舞いの集合としてとらえることで，実世界に存在する「もの」や「概念」に対応させ，ソフトウェアの理解や再利用性を高めることを目的とする考え方である。このデータと振舞いの集合を**オブジェクト**と呼ぶ。すなわち，オブジェクトはなんらかの部分解をもたらすものであるが，これらが統合されることで全体解を導いている。オブジェクトを定義する設計図を**クラス**と呼ぶ。

　このクラスという単位を段階的詳細化の中で**要求分析から実装までのモデリングの核になる構造**とすることが，オブジェクト指向の特徴である。**図1.4**のように各段階においてクラスを洗練・整理していくことで，段階ごとのギャップを減らすことにも貢献できる。

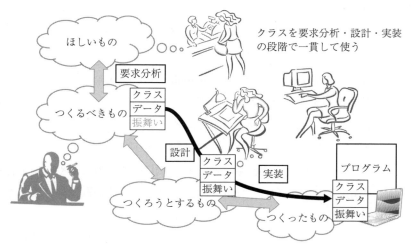

図1.4 モデリングの核となるクラス

　モジュールについては，プログラミング言語の変遷の中で，いろいろな考え方が存在してきた。ソフトウェアは，人々の生活する実世界で活用できるものをコンピュータの世界で実現するものである。実世界とコンピュータの世界をつなぐモジュールとして，近年オブジェクト指向の有効性が次第に認められてきており，オブジェクト指向がソフトウェア開発の中で重要な役割を果たすよ

うになってきている。

　本書では，事例を用いてソフトウェアを開発する過程を説明するので，その事例を通してオブジェクト指向の「オブジェクト」の考え方を学んでほしい。そして，この二つの分割統治と段階的詳細化の方法を，UML という道具を使って実践してみたいと思う。次項では，これまで話してきたソフトウェアのつくり方において，事例を読むためにどのように UML を使うのかを説明する。

1.3.2　UML の役割

　UML[2] は，前述のとおり Unified Modeling Language の略で，統一モデリング言語の名のとおり，オブジェクト指向でソフトウェアを分析，設計するなどのモデリングを行う際の記法を提供するものである。図式表現が特徴で，厳密な意味が決まっているわけではないが，うまく使えば，曖昧性を排除して，前述のギャップをなくすことに貢献できる。現在，ソフトウェアのモデリング言語としては，最も広く普及している。

　もともとは，Grady Booch，Jim Rumbaugh，Ivar Jacobson が，オブジェクト指向開発方法論をそれぞれの記法の下に提案していたが，1997 年にそれらの統一記法として UML1.0 が発表された。その後，コンピュータアプリケーションのアーキテクチャやテクノロジーに関する標準を開発する非営利団体である OMG（Object Management Group）が，UML の仕様の策定や改定を行っている。UML1.4 が 2005 年に，UML2.4 が 2012 年にそれぞれ国際標準となっており，現在 UML2.5 が 2015 年に公開されている。

　UML におけるモデル図は，大きく分けてソフトウェアの構造を表す**構造図**と動作や変化を表す**振舞い図**の 2 種類に分けられる。

　構造図には**クラス図**（class diagram），オブジェクト図（object diagram），コンポーネント図（component diagram），パッケージ図（package diagram），配置図（deployment diagram），複合構造図（composite structure diagram）がある。

　振舞い図にはアクティビティ図（activity diagram），ユースケース図（use

case diagram），ステートマシン図（state machine diagram），相互作用図（interaction diagram）がある．相互作用図は，シーケンス図（sequence diagram），コミュニケーション図（communication diagram），タイミング図（timing diagram），相互作用概要図（interaction overview diagram）に分かれている．

　これらの図のすべてが，いつでも必要であるわけではない．UML はモデルを記述する一つの道具であるから，これを必要なところでうまく活用すればよい．また，厳密にわかったことのすべてを記述できるわけでもないので，どのように整理すればつぎの段階につなげられるかをよく考えてほしい．本書では，1.3.1 項で述べた大規模で複雑なソフトウェアをつくる方法において，どの UML のモデル図がどのように使えるかを考えてみたいと思う．

　図 1.3 で最終的にでき上がるのはプログラムである．ソフトウェア開発は人々のつくりたいものとしての要求から出発して，プログラムをつくることである．そこで図 1.3 の始まりは，顧客の要求を分析する段階であり，図 1.2 で示した機能要求の構造を要求分析段階のモデリングの観点とする．

　それでは，ソフトウェア開発の第一段階として，図 1.2 で示した機能要求の構造を UML モデルで定義する方法を考えてみる．機能要求は入力から期待される出力を得る処理手順として表すことができる．図 1.2 の入力や出力はなんらかのデータを表し，どのようなデータ項目で構成されているかという**データ構造**をもつ．一方，図 1.2 の処理手順は，その手順によりソフトウェアの振舞いを決定していることになるので，ソフトウェアの振舞い系列として定義できる．さらに，振舞いと構造は「振舞いの対象となるデータ」，「データを処理する振舞い」といったように結び付いている．プログラムでは，なにかを計算するために，変数にデータを保持して，メソッドや演算子を順次適用してデータを更新していくことを思い出してみよう．

　これらは，UML モデルで**図 1.5** のように表すことができる．機能要求の単位を UML では**ユースケース**と呼ぶ．ソフトウェアがもつ複数の機能は**ユースケース図**として定義し，ソフトウェアの全体を見渡せるようにする．このと

14　　1. ソフトウェアとは

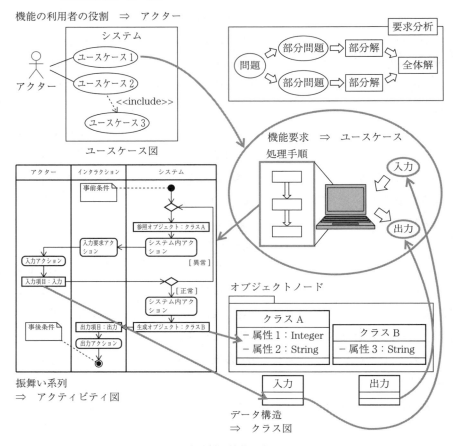

図 1.5　要求分析：機能要求のモデル化

き，ソフトウェアのどのような役割の利用者がこの機能を利用するのかを明記する。この利用者の役割のことを**アクター**と呼ぶ。

　ユースケースは，このアクターとシステムの振舞いのやり取りの系列として定義する。これを**アクティビティ図**で定義する。アクティビティ図は，その振舞いの対象となるデータを**オブジェクトノード**で定義できるので，これによりデータと振舞いの結び付きが定義できる。ここで，オブジェクトノードはクラスから生成されるデータを表している。

ここでは図1.3の「問題」が要求されていること，「部分問題」が機能要求である。そして，その解がユースケース + アクティビティ図であり，ユースケースの関係とクラス図により，「全体解」を定義していることになる。非機能要求は，これらの解に対して横断的に関わる部分問題であり，これらの解に対して，新たな振舞いや付加的なデータを定義することになる。

クラスはデータと振舞いから構成されるオブジェクトの設計図であり，要求分析から実装までのモデリングの核になる構造である，といったことを覚えているだろうか。要求分析の段階で登場したクラスは，まだクラス固有の振舞いをもたないデータのみのクラスである。この段階では，振舞いがどのクラス固有のものであるかは，まだ，考えない。この段階でのクラスの役割は，ソフトウェアの要求分析から実装までのモデリングの核になる構造となる「もの」とその「属性」を表すことである。さらに，データは多数の項目で成り立っているため，単独のクラスで表現することはできない。そこで，クラスのもつデータの構造的な関係を考えて，クラスの単位を決める必要がある。

表1.1は，本書で説明する要求分析・設計・実装の段階でのモデリングの観点と，その成果物を表している。設計の段階で登場するクラスには，クラスのデータを操作する振舞いが割り当てられる。そのクラスが，プログラミング言語のクラスとなるわけである。

表1.1 各工程における作業と成果物

工程	観点	成果物
要求分析	ユースケース分析	ユースケース図
		ユースケース記述（アクティビティ図）
	データモデリング	クラス図
設計	構造の設計	クラス図
		オブジェクト図
	振舞いの設計	シーケンス図
		ステートマシン図
設計から実装へ	構造の見直し	共通部分の設計
		デザインパターン
	実装との連携	モデル図からのコード生成

要求分析の工程におけるモデリング作業は図1.5で示したとおりである。ここで**ユースケース記述**とあるのはユースケースの定義という意味である。通常は自然言語で書かれるが，本書では，モデルをより可視化するためにアクティビティ図で記述する。

ここで，要求分析段階で用いるUMLのユースケース図，アクティビティ図，クラス図の構成要素について，簡単に説明する。詳しい使い方は事例でみていくことにする。

図1.6はユースケース図の構成を表している。ユースケース図の構成要素は楕円で表されるユースケースと人型のアクターである。アクターがユースケースを利用する役割である場合には，線分で結ぶ。これにより，ユースケース図は，どのアクターがシステムを利用して，そのユースケースを実行できるかを示していることになる。

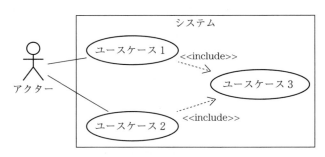

図1.6　ユースケース図

ユースケースには包含・拡張・汎化の関係もある。図1.6では，ユースケース1とユースケース2がユースケース3を包含していることを<<include>>という記号を付記した点線の矢印で表している。<<**>>の記号は**ステレオタイプ**と呼ばれるもので，UMLにおいて意味の拡張を行う際に用いる。また，ユースケース2がユースケース3を包含しているという意味は，ユースケース1とユースケース2のステップが，ユースケース3のステップを含んでいることを意味している。複数のユースケースに共通部分がある場合に用いる。

図1.7はアクティビティ図を表している。システムなどの名前が付記された

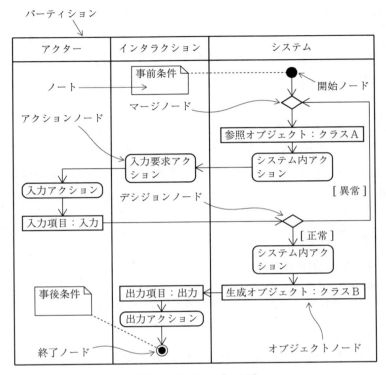

図1.7 アクティビティ図

枠組みを**パーティション**と呼ぶ．アクティビティ図における角が丸い四角形が振舞いを表すもので，これを**アクションノード**と呼ぶ．アクションノードの系列でユースケースの振舞いを表す．事前条件は，このユースケースを実行するために成立しなければならない条件であり，事後条件は，ユースケース実行後に成り立つべき条件である．これらを記述するモデル要素はないので，ここでは，右上が折れた四角形で示したノートを使ってメモ的に情報を付加している．ノートというのは，モデルの要素と結び付けて自由な記述ができるものであり，UMLのいろいろなモデル内で利用できる．ただし，乱用するとモデルが読みにくくなるので，用途を決めて利用するとよい．

　振舞いには順次・反復・分岐の三つの制御構造がある．UMLにおいては，

順次はノードをつなぐ矢印で，反復と分岐は，フローの分岐点を決めるデシジョンノードと，フローの合流点を決めるマージノードによって定義する。デシジョンノードには，分岐の条件を矢印の上に，[条件]の形式で付記する。これをガードと呼ぶ。また，アクションの対象となるデータは，オブジェクトノードによって定義する。

図1.8はクラス図である。クラスはオブジェクト指向におけるモジュールであり，データとその振舞いの集合である。データをクラスの**属性**と呼び，その名前と型を定義する。振舞いを**操作**と呼び，名前，引数，戻り値の型を明記する。

3章で詳しく説明するが，データは多数の項目で構成されるため，単独のク

コーヒーブレイク

ソフトウェアの制御の種類

Dijkstra（ダイクストラ）が1967年に「どのプログラムでも，順次・反復・選択の三つの組合せで定義できる」という考えを含んだ「構造化プログラミング」という概念を提唱している。ソフトウェアの振舞いは，下記の図に示された，この三つの制御で考えればよいということである。

つまり，作業の流れは，基本的にはつぎの3種類の組合せで定義できる。

順　次：P1 → P2 → P3 の順番に処理する。
反　復：一定の条件Cが満たされている間処理P1を繰り返す。
分　岐：ある条件Cが成立するならば処理P1を，そうでなければ処理P2を行う。条件でつぎの処理を分ける。

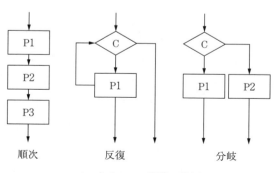

ソフトウェアの制御の種類

1.3 オブジェクト指向開発と UML

```
┌─────────────────────┐
│       クラス1        │
├─────────────────────┤
│ − 属性 A：String    │
├─────────────────────┤
│ ＋ 操作 A( )：void   │
│ ＋ 操作 B( )：void   │
└─────────────────────┘
```

図 1.8　クラス図

ラスをつくることはない．適切な単位でクラスを定義し，複数のクラスを関係づけて，ソフトウェア全体のデータの構造を定義することが重要である．

　設計の段階での問題解決は図 1.9 のように考える．設計段階では，要求分析の結果を満たすように，最終的なプログラムへと結び付けることが目的である．要求分析の結果を用いて，データを処理の詳細に合わせて定義し，クラスを再整理する．さらに，振舞いを詳細化して，クラス固有の振舞いを定義する．

　アクティビティ図では，各ユースケースの振舞いの手順が定義されており，アクションは個々の振舞いを表しているが，どのクラスのデータを扱う振舞いであるかは決まっていない．アクションを分解して，各クラスの操作として定義する．この段階のモデリングで使用するのは，クラス図，シーケンス図，ステートマシン図，オブジェクト図である．シーケンス図はアクティビティ図で表される振舞いの系列を，各クラスの操作の系列に置き換えたものである．オブジェクト図はクラスのインスタンスレベルでの関係を表したものであり，具体的なデータの分析から，クラスの構造を確認することに役立つ．ステートマシン図は，オブジェクトがシステム内でとるべき状態と，その状態がシステムの振舞いでどのように遷移するかを表したものである．コンピュータが機器に組み込まれた組込みシステムにおいては，中心的な役割を果たすモデルである．本書の事例のような業務システムでは，モデリングが十分であるかを確認する手段として利用することができる．これらの詳細は，事例の中で説明する．

　本章では，コンピュータへの指示書であるソフトウェアの役割，開発の流れ，つくり込まなければならない要求について述べ，それを実現するための道具としての UML を紹介した．事例の中で，UML を使って，よいソフトウェアをつくることを考えてみよう．

20　　　1. ソフトウェアとは

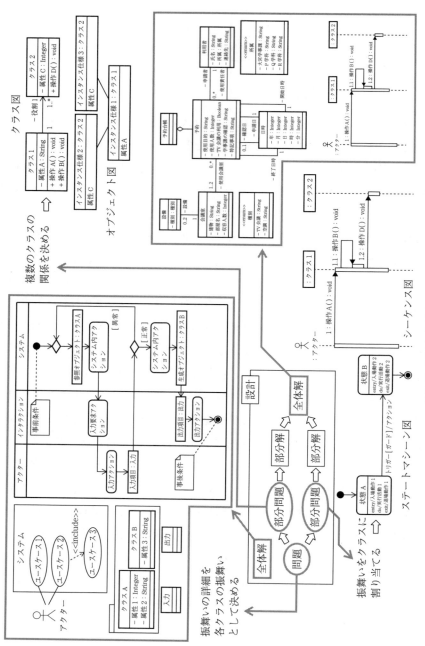

図 1.9　設計におけるモデリング

2 事 例

本章では，本書で用いる二つの事例を紹介する。要求されていることはなにかを考えてみよう。

2.1 会議室予約システム

2.1.1 初期要求文

S工業大学の大宮校舎では，会議室の予約はつぎのように行われている。

- 会議室を使用したい人は「会議室使用願」の用紙を学事課より入手し，これに<u>必要事項</u>を記入し，<u>使用責任者の印</u>を押した用紙を学事課に提出する。
- 用紙は<u>3枚複写形式</u>で，1枚目が学事課保管用の「会議室使用願」，2枚目が守警室保管用の「会議室使用通知書」，3枚目が申請者控え兼掲示用の「会議室使用許可書」である。
- 提出された用紙に基づき，学事課の職員が予約の可否を判断し，学事課の職員が<u>予約台帳</u>（Excelファイル）に予約状況を記入する。予約状況はこの台帳によって管理する。予約が許可された場合には，上述の用紙には<u>学事課長の印と受付印（日付印）</u>が押される。2枚目の「会議室使用通知書」は<u>守警室へ回す</u>。3枚目の「会議室使用許可書」は<u>申請者に渡される</u>。申請者はこの用紙を使用する会議室に掲示する。
- <u>予約状況の問合せ</u>は電話，または直接学事課において口頭で行われ，学事課の職員が台帳に基づいて，空き状況を返答する。このときに，<u>仮押</u>

さえとして予約を台帳に記入し，後に用紙提出の手続きを行うこともある（用紙が提出されたことで正式の予約となる）。
- 予約の変更がある場合は，申請者に再度申請用紙を提出してもらう。キャンセルの場合は口頭で連絡する。

「会議室使用願」の利用者による記入項目は以下の (1) から (8) である。

(1) 申請日（　年　月　日）
(2) 所属
(3) 使用責任者氏名・印
(4) 連絡先（内線）
(5) 使用目的
(6) 使用人数
(7) 使用日時　　年　月　日（　）～　年　月　日（　）
　　　　　　　　時　分～　時　分
(8) 使用会議室・収容数・使用設備（**表 2.1**）
　　（使用室名，TV 会議システムを使用する場合は○で囲む）

表 2.1

	会議室名	収容数
4 号館	第 1 会議室	20 名
	第 2 会議室	20 名
	第 3 会議室	24 名
5 号館	第 1 会議室	24 名
	第 2 会議室	20 名
	第 3 会議室	18 名
空調　TV 会議システム		

その他の注意事項

- 会議室使用願の用紙には，鍵の受渡し場所について，下記の記載がある。
  - ◇　5 号館会議室……5 号館学事課
  - ◇　4 号館会議室……4 号館 4 階共通系事務室

- 会議室は前述のとおり，収容数が定められているが，つづき部屋として利用することができる会議室もある．4号館会議室は第1・第2会議室が，5号館会議室は第1・第2会議室がつづき部屋として利用できる．
- 入試の期間はすべての会議室が使用できない．その他は，例えば「教授会により＊＊の日は＊＊の会議室は使用できない．」「＊＊の期間は＊＊の会議室は使用できるが，冷房は使用できない．」といったような条件が随時発生する．予約が入っていれば連絡する必要がある．
- 申請者は学内教職員に限る．
- 申請可能な時期に関する条件は，学事課の職員が次年度の予定を入れることがあるので，現在日時に対して，次年度いっぱいを期限とする．
- 使用時間は原則として9時から21時である．事情によってはこれ以外でも認めることがある．ただし，例えば徹夜で会議室を使用する場合には，別途学生課に徹夜申請を行う必要がある．
- 管理者は，毎日の業務として予約の認可作業を行うが，予約が生じた場合，速やかに認可の手続きを行うことが望ましい．
- 現在，予約が重複する場合には，基本的には先着順で処理を行う．しかし，学校行事や授業関連の場合にはそちらを優先する．
- 利用内訳は，教職員による会議が中心であり，月に5件以上ある．その他はゼミの発表会など，学生の利用が中心である．
- どの会議室も TV 会議システム（校舎間）が導入されている．設備は一体型のものであり，プラズマ TV，マイク，書画カメラ，DVD・VHS デッキ，持込み PC の接続，赤外線マイクが使用できる．冷暖房はあるが切替えは部屋ごとにはできない．空調の利用は自由である．しかし，一時的に使用不可，あるいは設備の入替えなどにより，設備情報は変更される可能性がある．

2.1.2 課題の特徴と本書での扱い方

本課題は，紙での申請と Excel での台帳管理という，システム化されていな

い業務をシステム化することである。現状の作業をシステム化することで、現状の方式の問題点を解決し、システム化することでデメリットのないようにすることが重要である。図 2.1 は現状の作業（これを As-is と呼ぶ）からシステム化（これをあるべき姿という意味で To-be と呼ぶ）への移行の様子を表している。

図 2.1　会議室予約システム

まず、現状の方式の問題点を考えてみる。

(1) 利用者は用紙の受取り、提出のために、学事課まで出向かなければならない。
(2) 利用者が、いつどの会議室が空いているかを知るためには、学事課に問い合わせなければならない（学事課の職員が台帳に基づき調べる）。
(3) 担当者がいないと問合せに答えることができないし、学事課が開いている時間でなければ申請および問合せができない。
(4) 台帳記入が迅速に行われないと、空いているのに予約ができないといった不都合が生じることもある。
(5) すべての会議室が使用できない場合もあるが、状況によっては一部の会議室が特定の日に使用できないこともある。また、冷房などが、特定の会議室および特定の日に使用できないという条件が付く場合もある。このような条件は、通知書と照らし合わせて予約の許可を行わなければ

ならず,職員の手間がかかる。さらに,見落としで誤りが発生する恐れがある。

(1)から(4)はシステムを介して予約を行うことで解決できる問題であり,予約をする,予約状況を見るといった機能を実現すれば解決しそうである。(5)を解決する機能が必要であるので,後ほど分析する。

初期要求を見ると紙での申請のため,使用責任者の印や学事課長の印と受付印(日付印)といった承認の印が必要になっている。手続き自体もシステム化することで変わってくるので注意しよう。特に,現行の紙ベースでも学事課職員が確認をすれば学事課長の印は不要である。

本書では,この初期要求に基づき,会議室の予約を管理する目的はなにかを考え,その目的を達成できるように現在の手続きをシステム化するためにどのように要求を分析するかを,この会議室予約システムの例を基に説明する。

2.2 長方形エディタ

2.2.1 初期要求文

一定の幅と高さをもつボードがある。**図 2.2** のようにボード上には左上隅を原点とする座標系(x座標, y座標)が定義されているとする。このとき,つぎの条件を満たすように,二辺の長さ(幅と高さ)と左上の位置を表す座標を

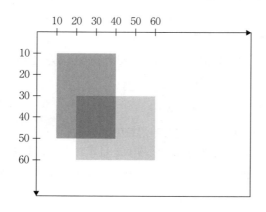

図 2.2 ボードと長方形

もつ長方形をボード上で編集するプログラムを作成することを考える。座標系の単位はピクセルとする。

　段階的に考えていくために，初めは CUI（character user interface）のエディタを作成する。すなわち，キーボードからコマンドや長方形に関する値を入力し，標準出力（画面）にボードの状態（どのような長方形があるか）を表示する。エディタの機能が定義できてから，GUI（graphical user interface）のエディタをアプレットで作成することにする。ボードの大きさは最終版では指定したアプレットの大きさに依存して決定するものとするので，CUI の場合には固定値 500 × 400 とする。なお，言語は Java を使用する。

(1) 編集に関する以下の操作を行うことができる。各操作の名前には下線が引かれている。

　　a) 幅，高さ，左上の位置（x 座標，y 座標）を与えて長方形を作成する。create

　　b) 長方形 R を指定して，R を現在位置から指定した x 方向の距離 x_0，y 方向の距離 y_0 だけ移動する。move

　　c) 長方形 R を指定して，指定した幅の倍率 mx で幅を，高さの倍率 my で高さをそれぞれ拡大または縮小する。倍率は有限小数で与えるものとする。幅・高さ・座標の値は Math クラスの round メソッドを使用して決定する。expand/shrink

　　d) 長方形 R を指定して削除する。delete

　　e) ボード上の長方形をすべて削除する。deleteAll

　　f) 二つの長方形 R1 と R2 を指定し，R1 と R2 の重なり部分を抽出し，新たな長方形 R3 として生成する。intersect

(2) その他につぎの操作を行うことができる。

　　a) ボード上の長方形を表示する。displayBoard
　　　　ここで「ボード上の長方形を表示する」とはボード上にあるすべての長方形の属性（幅，高さ，x 座標，y 座標）を表示する（標準出力に出力する）ということである。

b) 配置に関する操作を終了する。exit
(3) ユーザはキーボード（標準入力）から(1)の操作名と必要なデータを入力し，プログラムが結果のボード上のデータ（どの位置にどの長方形が配置されているか）を標準出力に出力する。このプログラムは以下のように使用することができる。
　　　a) 起動すると，操作一覧が表示される。
　　　b) ユーザは操作を選択し，要求されるデータを入力する。
　　　c) 操作の実行が終了すると，操作一覧に戻り，exitが実行されるまで操作を選択することができる。
(4) 長方形に関する条件：
　　　a) ボード上で同じ幅，高さ，位置をもつ長方形は同一の長方形とみなす。
　　　b) 今回は点および線分は長方形とはみなさない。
　　　c) ボード上に配置できる長方形の数の上限は10とする。
(5) 操作に関する条件：
　　　a) ある操作によって，ボードから長方形がはみ出す場合には，その入力の値を無効として，操作をやり直す。
　　　b) 操作が無効である場合は，適切なメッセージを出力する。

ここで，「ボード上のデータ（どの位置にどの長方形が配置されているか）」については，長方形は上記の属性がすべて等しい値の場合は同じとみなすことから，ここではこれら四つの属性でボード上の長方形を識別できるものと考える。

2.2.2　課題の特徴と本書での扱い方

　初期要求文を見てわかるように，この事例では，具体的な操作（エディタのコマンドと呼ぶ）の動作と使い方が明記されており，システムのもつべき機能が明確になっている。この要求を正確にとらえ，UMLで定義する方法とどのように部分問題として解いていくかを考える。

28   2. 事   例

　図 2.3 は，本要求から作成した長方形エディタの出力イメージである．図の左側は，標準入出力をユーザインタフェースとして作成したものである．画面に示されたコマンド一覧から，コマンドを選択して，コマンドに必要な値を問合せに対して入力している．コマンドを実行した結果は，文字列で画面に表示される．標準入出力のインタフェースは，比較的簡単につくれるが，見てもわかるように，長方形を編集するという意味では直感的なインタフェースではない．すなわち，品質の一つである「使用性」に工夫の余地がある．図の右側は，GUI によりインタフェースを作成している．マウスの操作で長方形を編集し，ボード上の長方形が可視化されてわかりやすくなっている．しかし，いきなり GUI のプログラムをつくるのは難しい．なお，最終的に GUI のプログラムを作成するために，初期要求に対して長方形に色を付けるという仕様変更を

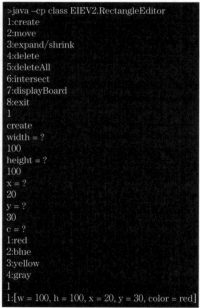

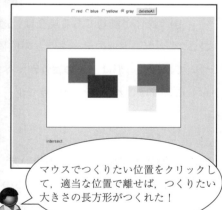

図 2.3　長方形エディタ

行う。これについては5.1節で説明する。

　どちらのインタフェースでも，上記の要求を満たすように，システムが入力から出力を返す部分は同じであることに注意してほしい。本書では，インタフェースの変更を行ってもこの処理部分のロジックに変更は必要ない，というソフトウェアの構造のつくり方についても考える。これは品質の「保守性」に相当する。

3 要求分析

本章では,初めに,要求分析の二つの観点とそのプロダクトについて簡単に説明する。そして,2章で説明した二つの事例の要求分析を紹介する。

3.1 要求分析の目的とレビューポイント

本書では,要求分析はユースケース分析とデータモデリングの観点で行い,ユースケース図,ユースケース記述(アクティビティ図),クラス図をプロダクトとして作成する。データと振舞いは密接に関わっているので,わかっているところから徐々に,これらの要素を定義していくことになる。すなわち,一定の手順があるわけでなく,3種類のモデルを不整合なくつくって,「＊＊できる」が過不足なく,やりたいことを実現しているかを考えることが重要であるということに注意してほしい。ここでは,モデル間のつながりを説明するので,事例の中で,実際のつながりを確かめてみよう。本節では,分析の観点とそのレビューポイントについて説明する。

また,会議室予約システムの事例では,ユースケースを獲得する方法を中心に説明する。長方形エディタの事例では,ユースケースをどのように記述していくかについて説明する。

3.1.1 ユースケース分析

ユースケースはソフトウェアが提供する「＊＊できる」ことの単位である。プログラムは最終的にはいろいろな非機能要求を盛り込んだ「＊＊できる」こ

3.1 要求分析の目的とレビューポイント

との組合せになる。そこで，ユースケース分析では「ユーザとシステムの振舞いのやり取りとして，システムの機能要求を明らかにすること」であるという視点から，できることの骨格を定義する。最終的には，「＊＊できる」ことをアクティビティ図のアクションの系列で定義し，アクションが関わるデータをクラス図で定義することが目的である。**図3.1**は分析において用いる図とその関係を示している。

(1) システムを利用して誰がなにをできればよいかを考え，ユースケース図として定義する。

   誰　⇒　アクター
   なに　⇒　ユースケース

(2) 各ユースケースの振舞いを考え，ユースケース記述（アクティビティ図）として定義する。

   事 前 条 件：ユースケースを開始する際の前提条件
   事 後 条 件：ユースケースが終了した時点で成立している条件
   基本フロー：ユースケースが成功するアクションの系列
   代替（例外）フロー：基本フローにおける条件によって生じる別の系列

代替も例外も，基本フローとはなんらかの条件により異なるフローを意味する。例外の場合は，基本フローが成立しないが，代替の場合は，基本フローは成立するが，途中の方法が異なる。

(3) アクションの対象となるデータをアクティビティ図内にオブジェクトノードで明記する。オブジェクトノードは「オブジェクト：クラス」という形式で定義する。

   ここでオブジェクトはアクションから生成される・参照される，あるいはアクションにより更新される・削除されるデータや，システムに入力されるデータ，システムから出力されるデータになる。このデータに関する初めの四つの種類の振舞いをCRUD（Create/Read/Update/Delete）と呼ぶ。

3. 要求分析

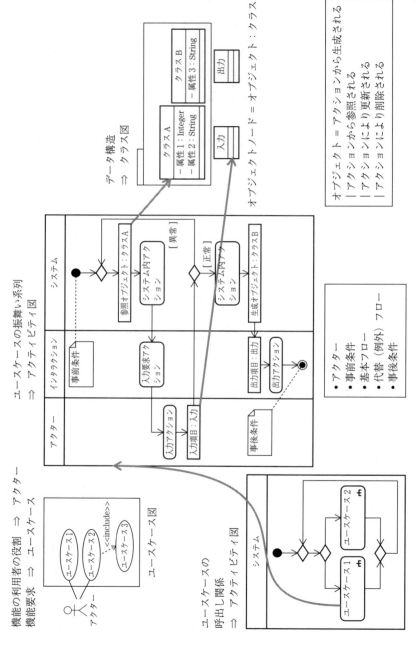

図3.1 ユースケース分析

(4) オブジェクトノードに対応するクラスをクラス図で定義する。

アクターを考える際，システムの**ステークホルダー**について検討する。ステークホルダーとは，一般には，企業に対して，利害関係をもつ人という意味である。企業の提供するサービスに対して，立場によってやりたいことは異なるので，それぞれの立場から達成したいことを明確にし，その中で最終的な目標を考えることが大切である。

会議室予約システムの場合は，管理者である学事課の職員は，このシステムで誰がいつ会議室を利用したかを把握したいし，申請者である教職員は，簡単にいつでも予約できればうれしい。サービスにより，影響を受ける範囲を考え，ステークホルダーごとの目標を考える必要がある。

3.1.2 ユースケース図とユースケース記述

ユースケース図はソフトウェアが提供するユースケースの全体を一覧する。3.1.1項で述べたように，システムを利用して誰がなにをできるかということが読めるとよい。まず，ユースケース図の確認事項とその修正方法について説明する。こうした確認作業を**レビュー**または**インスペクション**という。

- 形式の確認：
  構成要素はUML記法に従って正しく書かれているかを確認する。
  ―アクターとユースケースは関連をもっているか？
  ―システムの境界は書かれているか？
  ―システム名は明記されているか？
  ⇒UML記法に従って修正する。
- ユースケースの妥当性：
  ―ユースケースを読む：「（アクター名）がこのシステムを使用して（ユースケース名）ことができる。」あるいは「（アクター名）は（ユースケース名）」と読めるか？　すなわち，これで意味が通じるかを考える。
  ⇒ユースケース名を「できること」が理解しやすい適切な名前に変更する。
  ―ユースケースの粒度が小さい：ユースケースはシステムが提供する一つ

コーヒーブレイク

アクターとは

　システムに対して，その利用者（ユーザ）はどのような役割でシステムを利用するのかを考える．役割をもったユーザを「アクター」と呼ぶ．なぜ，単なる利用者でなく，役割なのだろうか？　例えば，オセロゲームを考えてみよう．この場合，システムを利用する人は，誰でもゲームをプレイする人であり，プレイするために必要な機能を利用できればよい．また，システムが提供する機能もプレーヤがオセロゲームを行うために利用できるものだけで十分である．

　別の例を見てみよう．ある技術情報の提供サイトの記事を読む場合を考える．通常はそのサイトで記事の冒頭部分だけを閲覧することができるが，記事の全文を読むためには，会員登録が必要な場合がある．会員登録をすると，記事の全文を読めるようになる．この場合，このシステムの利用者の役割には「一般ユーザ」と「会員」という二つの役割があり，一般ユーザはこのシステムを使って，「記事の冒頭部分を閲覧する」ことと「会員登録する」ことができる．一方，会員は「記事の冒頭を閲覧する」だけでなく，「全文を閲覧する」ことができるわけである．このように，通常のシステムでは役割に応じてできることが変わってくる．つまり，単に利用者として考えるのではなく，システムのできることを整理するときには，そのシステム利用者の役割（アクター）を見極めることが大切になる．

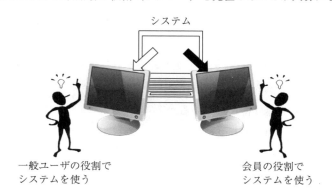

アクターとは

　このシステムを利用する人の役割の他に，連携する外部システムやセンサやアクチュエータなどのハードウェアもユースケースのアクターになる．この場合は，例えばシステムの機能が外部システムの機能を利用する，センサから値を得る，アクチュエータに値を出力して動作させる，などといった意味になる．

の独立した機能単位になっているか？ 一つではあまり意味をなさない細かい粒度になっていないか？ 粒度が細かすぎると，ユースケース記述のステップ数がほとんどないことが多い。

⇒ユースケースを独立した機能単位にまとめる。

—ユースケースの粒度が大きい：ユースケースが大きすぎないか？ 切り分けられる複数の機能が混在していないか？

⇒ユースケースを分割する。

- アクターの妥当性：

 アクターは実体ではなく，役割を表しているか？ 一人の人が複数の役割でシステムを利用することもある。役割ごとに利用できるサービスが異なるようになっているか？

 ⇒アクターの名前を見直す。

- 機能要求のトレース：

 要求文と対比して，ユースケースが要求文に現れる機能要求を満たしているかを確認する。CRUD（Create/Read/Update/Delete）の観点から，確認する。

 —システムの主要関心事のデータに対する必要な RUD はなにか？

 —Update する必要はあるか？ Update したいデータはなにか？ どの項目が更新可能か？

 —Delete する必要はあるか？ あるいは削除してもよいのか？

 —Read でなにを見せたいか？

 ⇒不足するユースケースを追加する。不要なユースケースを削除する。

つぎに，ユースケース記述（アクティビティ図）の確認方法を説明する。3.1.1 項で説明したユースケース記述の項目の内容が妥当であるかについて確認する。

- 形式の確認：

 —アクティビティ図の記法に従っているか？

 —ユースケースごとにアクティビティ図はつくられているか？

―アクティビティ図の名前はユースケースと同じか？
―各ユースケースのアクターに対応するパーティションは存在するか？
―開始ノードは一つ，終了ノードは一つ以上存在するか？
―事前条件は開始ノードのノートとして記述されているか？
―事後条件は終了ノードのノートとして記述されているか？

- 基本フローの妥当性：

―ユースケースが成立するためのシステムとアクターのやり取りをアクティビティ図のアクションのフローで表しているか？
―ユースケースの実行順序はアクションのフローの順序でよいか？
―アクションはその実行主体を表すパーティション内に記述されているか？
―アクションはアクターとシステムが行う行為か？ アクターの行為はシステムに対する行為か？

- 基本・代替（例外）を識別するために，以下の点が明らかになっているか？

―アクターが提供する入力が，システムが提供する機能を成立させることが可能であるか？
⇒必要な入力はなにかを考え，クラスとして定義する。
―システムが提供する機能が成立するための条件を満たしているか？
⇒このユースケースでの条件はなにか？ 条件はユースケースのアクターについているかもしれないし，対象とするデータについているかもしれない。

- 代替フローの妥当性：

―基本フローの代替となるフロー（選択肢のすべて）が過不足なく記述されているか？
―代替を判断する条件は，分岐のガードとして明記されているか？
―代替フローは，デシジョンとマージノードで，基本フローとのつながりをきちんと定義できているか？

- 例外フローの妥当性：
—基本フローの各アクションで発生するすべての例外のアクションフローが過不足なく記述されているか？
—例外を判断する条件は，分岐のガードとして明記されているか？
—例外フローは，デシジョンとマージノードで，基本フローへの復帰または終了が明示されているか？
—例外のメッセージは定義されているか？
- 語の統一と洗練（各ノードの記述は特に形式がないため，注意して記述する必要がある）
—アクションの記述
・アクションは「目的語＋動詞」の形式でアクションの対象を目的語で明示しているか？
・アクションを表す動詞はその動作（なにをするのか）が明確か？
—アクションとデータの関係
・アクション記述の目的語はアクティビティ図に登場するデータの具体名あるいはそれを特定する記述か？
- クラス図との整合性：
—ユースケース記述に登場するデータ（オブジェクトノード）の項目が，クラス図に定義されているか？
—同じ語が異なる意味をもっていないか？
—異なる語が同じ意味をもっていないか？

3.1.3 データモデリングとクラス図

　アクティビティ図に登場するオブジェクトはシステムが扱うデータを表しており，その設計図はクラス図を用いて定義する。

　ここでは，図書館における図書の貸出しのデータモデリングを通して，クラス図を説明する。図書の貸出しとは，ある利用者がある図書を借りることで成り立つ。

38　　3. 要　求　分　析

　例えば，図書館には，α さんがコロナ社から 2015 年 3 月 1 日に出版した「Java 入門」という図書があり，β さんがそれを借りたいとする。図書館は「Java 入門」を 3 冊所蔵しており，2 冊が未貸出状態であったので，β さんはこのうちの 1 冊を借りることができる。さて，この場合の貸出関係のデータはどのようにモデリングできるだろうか？

　図書の特徴としては，名前，ISBN，著者，出版社，出版年月日，価格，ページ数，表紙イメージなどなどが挙げられる。上記の文章でもこれらの特徴のうちのいくつかが挙げられている。しかし，図書の貸出しに関する情報を管理するということは，誰が，どの本をいつ借りたのかを記録する必要があり，蔵書 1 冊ずつを識別すると同時に，借り手の β さんも図書館から見ればユニークに識別できる必要がある。一般に利用者も図書も名前だけではユニークな識別はできない。そこで，図 3.2 のようにデータとその特徴を，クラスとその属性で整理してみた。属性は，それ自体をクラスにすることもある。

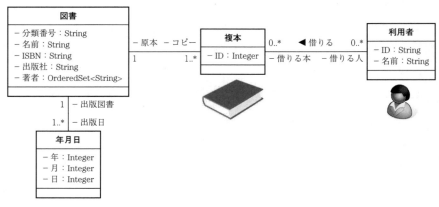

図 3.2　図書の貸出しに関するクラス図

　モデルは記法の意味を理解して，なにが書かれているかを読み取ることが大切である。それでは，読んでみよう。ここでは，「利用者」が，直接借りる本を「複本」と呼び，原本となる「図書」と**関連**をもつ。図書は種類を識別する*分類番号*，*名前*，*ISBN*，*出版社*，*著者*の属性をもち，出版日として，「年月

日」と関連をもっている。図書館には，同じ図書が複数冊あることから，「複本」は枝番としての*ID*を属性とし，「図書」に対して，そのコピーという役割をもつ。「利用者」も*名前*だけではなく，識別のための*ID*を属性としてもつ。「利用者」は「複本」に対して借りる人という役割をもち，「利用者」が「複本」を借りるという関係が成り立つ。

ここで，「・」がクラス名，斜体が属性を表し，図1.8で示した形式で定義されている。クラスを結ぶ線分を**関連**（association）と呼び，◀が**関連の名前**と**関連の向き**を示している。これを上記の二重下線のように読む。関連線の両端に書かれた名前は**ロール**と呼ぶ。上記の説明で下線が引かれた名称が，このロール名である。

この他に，このモデルから読み取れることを説明しよう。関連の両端に数字が書かれている。これは**多重度**と呼ばれるオブジェクトの関係の有無，単数か複数かを表すものである。例えば，利用者から見た借りる本としての複本は，貸出しにおいて，借りていない場合と，1冊以上借りていることもあるため，0..* と表記されている。これは，0個以上と読む。複本の原本である図書は必ず一つなので，ここは1である。

クラスの属性は，**名前：型**という形式で表記されている。Javaでのフィールドと型に相当する。クラス図は「要求分析から実装までのモデリングの核になる構造」と述べたことは覚えているだろうか。Javaのクラスの構造と対比して考えてみるとよい。属性の前に書かれている – は，アクセス修飾子のprivateに対応する。StringやIntegerはJavaのクラスにもあるが，OrderedSet<String>は，なんだろう。これはStringを要素とする順序付きの集合を表している。詳しくは6.2節で説明する。ここでは読み方を理解しておこう。要求分析の段階では，データの型は，プログラミング言語レベルのように細かく規定する必要はない。データの識別で重要なのは，基本型と集合である。この段階では，基本型としては，文字列，整数，実数，真偽値があれば十分である。集合は，要素に重複があるか否かと，順序づけられているかを区別できればよい。

データモデリングをする際に注意したいことがある。それは，対象とするシステムにおけるサービスを提供するために必要なオブジェクトの属性をとらえる必要があるということである。

図書の属性には，図書を借りる人が借りる図書を間違いなく認識するために，書名だけでなく，著者名や出版社名も入っている。図書そのものにはこの他にも，ページ数，価格，表紙，大きさといった特徴もあるが，貸出システムには必要だろうか？ 価格が知りたいとしても，実際の本を手にとってみればわかるので，システムから情報を得たいわけではない。しかし，表紙はどうだろう。「どこかで見たあの表紙の本」として探したい場合には役に立つかもしれない。図書という実体をすべてモデルにする必要はない。対象システムに必要なところだけモデル化すればよいのである。

さらに，オブジェクトが対象とするシステムにおいて，どのような関係をもっているかが重要である。同じオブジェクトでもシステムによって役割が異なる。ロールはオブジェクトの関連をもつオブジェクトに対する役割を表すので，これにより，システム内でのクラスの意味を明確にすることができる。

例えば，図3.2のクラス「年月日」は一般的な日時に関するクラスであるが，ここでは，出版年月日を表すものであることから，年・月・日は重要であるが，時間や分は不要である。すなわち，システム内での役割によって，属性も決まってくる。

3.2　会議室予約システムの要求分析

3.2.1　システムの目標とステークホルダー

システム化の目的は，紙ベースの手続きを廃止して，会議室の予約手続き，および情報の管理の利便性を向上することである。そこで，会議室予約システムの目標をステークホルダーごとに考えてみる。まず，ステークホルダーは誰なのか，要求文に登場する人，部署，役割を列挙してみる。要求文から下記の語が抽出できる。

3.2 会議室予約システムの要求分析

> 会議室を使用したい人・学事課・使用責任者・守警室・申請者・学事課の職員・学事課長・「会議室使用願」の利用者・学内教職員・学生課・管理者・学生

要求文のような自然言語記述のドキュメントでは，対象は文脈により，異なる語で表現されることが多い．まずは，同じ意味や役割を表す言葉を整理し，ステークホルダーを表す語を見つける．

会議室を使用したい人＝「開始室使用願」の利用者＝申請者

学事課＝学事課の職員＝管理者

「使用責任者」は，申請書の記入項目の一つであるので，ステークホルダーではない．申請者は学内教職員に限るとあり，文脈から「学生」もここでは関係はない．現在，学事課職員が申請の確認を行えば，紙ベースの申請書の学事課長の印は不要であることから，学事課長をステークホルダーと考える必要はない．学生課に関する記載は「ただし，例えば徹夜で会議室を使用する場合には，別途学生課に徹夜申請を行う必要がある．」ということであり，本システムとは切り離して考える事項である．

守警室の役割は，夜間の鍵の管理のために，予約状況を知らせることである．通知が必要になった場合に，学事課がシステムから得られる予約情報を連絡すればよいため，今回のシステム化にあたってはステークホルダーからは外すことにする．

以上の考察から，表 3.1 のように，会議室予約システムのステークホルダーを限定する．

これらのステークホルダーに対して，システム化することで，2.1.2 項で述べた (1)〜(5) の現状の問題を解決するための申請者と管理者の目標を，表 3.2

表 3.1　ステークホルダー

人	役割
学内教職員	申請者
学事課職員	管理者

3. 要求分析

表 3.2 システムの目標

ステークホルダー	役割	目標		
学内教職員	申請者	予約が簡単にできる	利用しやすい環境である	①
			予約すれば他の手続きなしに使える権利を得ることができる	②
			操作が簡単である	③
		予約が保証される		④
学事課職員	管理者	会議室使用により，会議室・備品に不具合が発生した場合，責任の所在が明確である		⑤
		不適切な使用目的や，占有がなく，申請者が結果的に会議室を利用できる		⑥

のように整理した。

各目標に対して，目標達成の検討方針を立てる。これらの目標はステークホルダーの立場からの目標であるため，双方の利害が対立することもあるので，関連する目標は，合わせて検討する必要がある。

① 利用する機器を想定する。今回のユーザは大学の教職員であり，日常コンピュータをいつでも利用できる環境で仕事をしているので，特段の考慮は必要ない。

② これは，予約が成立するかの規則である。これまでは学事課の職員が電話や窓口で受け付けた時点で，申請に問題ないかを確認し，受付を行っていた。システム化した場合，内容の妥当性の確認は，自動化できないため，⑥の管理者の目標と併せて検討する。

③ 現状では通常の PC，タブレット，スマートフォンにより，必要な情報を入力することが想定できる。手書きの入力から，キーボード入力などに変わることが想定される。今回は必要ないが，バーコードで対象の情報が取得できる場合には，ハードウェア構成が変わるといったことを，入力情報によって検討する。

④ 予約を行ったら，最終的には予約日に予約どおりに会議室が使えることが望ましい。このことを保証できることが目標であるが，どうやって実現

できるかは，現段階ではわからない．システムの機能が見えてきたら検討することにする．

⑤　現状の紙ベースの申請書の内容で管理はできるので，まずは，このシステムにおける予約を申請書の項目に基づいて検討する．不要な要素がないかも検討する．

⑥　②と併せて，管理方法を検討する．

目標は，でき上がったシステムのもつべき性質である．この性質はステークホルダーごとに異なるので，いつでもすべてが成立するものではない．そこで，妥協案を検討し，「＊＊できる」というユースケースで実現する方法を見つけていく．

目標を満足するとはどういうことかを考えるために，システムの利用シナリオを考える．**シナリオ**とは利用者がシステムを利用してどのような作業を行うことができるかを，具体的に記述した文章である．

ここではまず，⑤の目標を達成するために，予約が成立し，システムがもつべき情報を獲得するための基本的なシナリオを考える．このためには，上述の②および⑥での検討事項を考える必要がある．要求文の「その他の注意事項」に「利用内訳は，教職員による会議が中心であり，月に5件以上ある．その他はゼミの発表会など，学生の利用が中心である．」とあることから，基本的には定例的な使い方のみとなるので，システム上で，予約を承認しないかぎりは予約が成立しない，ということは必要ないと判断する．そこで，下線部のように，本システムにおける予約の成立の規則を定める．しかし，不適切な状況が

┤コーヒーブレイク├

シナリオとは

サービスは受ける人や受ける状況によって工夫すべきところが変わる．誰がいつ，どのような状況でそのサービスを受けたいのか，という具体的なシナリオの作成がシステム開発には重要である．

例えば，みなさんもよく知っているオセロゲームを，コンピュータを使って楽しむことを考えてみよう．オセロゲームは，盤の上に表裏が黒と白の石を交互に

置き，相手の石を挟むとそれを自分の石の色に変えることができる，2人で行うボードゲームである。「シナリオ」とは，誰がどのような状況でオセロゲームをどのように楽しむのかというストーリーのことである。

シナリオ1：2人で，PCを使って，ゲームができる。
シナリオ2：1人でも好きなときに，PCを使ってゲームができる。
シナリオ3：遠くにいる友達とネットワークを通してゲームができる。
シナリオ4：臨場感を得るために，盤にコンピュータを内蔵して2人で対戦できる。
シナリオ5：臨場感があり，1人でも遊べるように，ロボットが対戦してくれる。
シナリオ6：本物の盤を使って，ロボットと対戦したい。ルールのチェックは対戦相手のロボットがしてくれると嬉しい。

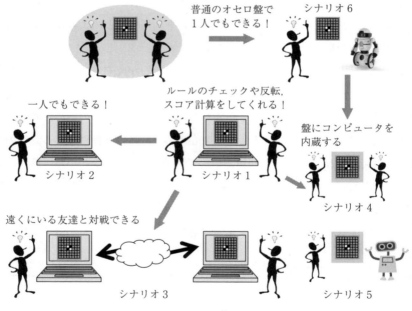

シナリオとは

利用者の要求は多様である。利用者がシステムをどのように利用したら，どんな嬉しいことがあるのか，という具体的なシナリオを考えることが，役に立つ，使いやすいサービスを実現する第一歩となる。

多い場合には，規則を厳密化（使用目的および使用時間の限定など）し，システム的なチェックが必要になるかもしれない．

> 学内教職員が利用したい会議室を予約し，予約どおりに使用する．予約に関して，学事課の承認は必要としないが，不適切な使用目的や，占有がないかは，管理者がチェックすることとする．
> 希望どおりに予約ができない場合には，別の予約を行う．
> 学事課が不適切と判断した場合は，別途電話などで通知し，修正を促す．
> また，大学の業務上必要な会議室の予約は学事課の職員が行う．

3.2.2 ユースケース

基本シナリオを実現するユースケースを抽出する．シナリオ文から，つぎのことがわかる．ここで，一重下線が，ユースケース候補で，二重下線は，システム外のアクターの行為である．予約を行うためには予約状況を調べる必要がある．網掛け部分は，ユースケースを考える際に，注目するデータや，その条件に該当する単語や文である（**表3.3**）．

基本シナリオは，大学行事などで必要な予約は管理者により行われ，申請者が予約状況を確認した上で予約ができ，管理者の確認にもパスして，無事に会

表3.3 シナリオからのユースケースの抽出

アクター	ユースケースの候補	シナリオ文
申請者	予約する 予約状況を調べる	学内教職員が利用したい会議室を予約し，予約どおりに使用する．
		希望どおりに予約ができない場合には，別の予約を行う．
管理者	予約内容をチェックする	予約に関して，学事課の承認は必要としないが，不適切な使用目的や，占有がないかは，管理者がチェックすることとする．
		学事課が不適切と判断した場合は，別途電話などで通知し，修正を促す．
	予約する	また，大学の業務上必要な会議室の予約は学事課の職員が行う．

議室を使用できた場合のシナリオである．これで，予約データができるわけだが，予約の更新やキャンセルをする場合もあるだろうか？　また「予約状況を確認する」とあるが，どのような確認が必要だろうか？　また日付で探すのか，会議室で探すのか，収容人数で探すのか，といったいろいろな探し方の問題もあるだろう．

　これらを検討して，ユースケースを抽出するには，データの CRUD（Create/Read/Update/Delete）に関する機能の必要性の観点が有効である．このシステムが管理すべき重要なデータは「予約」である．そこで，予約データの CRUD の観点から，**表 3.4** のようにユースケースを分析する．

表 3.4　「予約」の CRUD 観点からの分析

種別	説　　　明
Create	ユースケース「予約する」の結果として，予約ができる．ただし，予約ができる条件を満たす必要がある．
Read	予約データを参照する目的に合わせて，データの検索を行い，必要なデータを絞り込んで提示する．予約データの項目と参照したい場面を照らし合わせて決定する必要がある．
Update	既存の予約データを更新する．データ保護のため，更新できる予約は申請者自身のものに限る．更新した場合にも，予約ができる条件を満たす必要がある．しかし，予約は管理者が内容をチェックするので，更新後にチェックを行わなければならないことに注意する．
Delete	既存の予約をキャンセルする．データ保護のため，更新できる予約は申請者自身のものに限る．

　上述のとおり，ユースケースを抽出するためには，データの項目としてなにがあるかを想定しなければならない．現行の会議室予約システムでは，要求文中の申請書の形式にあるように，予約として管理したい情報が決まっている．このような場合は，現行のデータモデリングをまず行ってみるのがよい．ここでは，とりあえず予約の意味をつぎのように考えることとする．

> 予約とは「誰（使用責任者）が，いつ（開始）からいつ（終了）まで，どの会議室を利用するか」を（申請者）が（申請日）に申請するということである．

この予約の意味と，表3.3および表3.4より，ユースケースの候補を**表3.5**のように分析する。事前条件は，ユースケースを実行する際の前提となる条件であり，事後条件は，ユースケース実行後に期待される結果である。

表3.5 ユースケースの分析

アクター	ユースケース	説明	事前条件/事後条件
申請者	予約する	予約ができる条件を満たす場合に予約ができる。	なし/条件を満たす予約が一つ追加されている。
	予約をキャンセルする	予約を削除する。	申請者自身の有効な[※1]予約がある。/指定された予約が削除されている。
	予約を更新する[※2]	予約ができる条件を満たす場合に予約を更新できる。更新項目として考えられるのは，時間をずらすことや，人数が増えたことで会議室を変更する場合が想定できる。	申請者自身の有効な[※1]予約がある。/指定された予約が更新されている。
	予約を参照する	参照の方法は多様なので，必要なシナリオに沿って，参照項目を考える。ただし，申請者自身の予約以外の予約の内容すべてを見ることはできない。予約がいつ入っているかはわかるが，使用目的は見えるべきではない。	なし/申請者が閲覧できない情報は見えていない。
管理者	予約する	予約ができる条件を満たす場合に予約ができる。	なし/条件を満たす予約が一つ追加されている。
	予約内容をチェックする	新規に予約が行われる，または更新が行われると，不適切な使用がないかを確認する。	チェックすべき予約[※3]がある。/チェックすべき予約のチェックが終了している。
	予約を参照する	参照の方法は多様なので，必要なシナリオに沿って，参照項目を考える。	なし/なし

表中の※印について説明する。

※1 予約日を過ぎた予約の削除や，更新は意味がないため，対象となる予約の使用日時は削除・更新日時以降となる。ただし，管理者の確認を必要とするならば，使用日時の前日24時までといった規則が必要である。参照の場合

は，過去に誰が借りていたかを調べることもあるので，予約日を過ぎた予約も対象となる。

※2 「更新する」は，削除して，新規に予約するのと同じである．予約の内容が変われば，作成の場合も更新の場合も管理者が内容をチェックする必要がある．そこで，申請者が新規に予約する手間を省くため，更新のユースケースを入れることにする．

※3 表3.2の目標⑤「会議室使用により，会議室・備品に不具合が発生した場合，責任の所在が明確である」必要があるから，予約データは予約日を過ぎても，すぐには消去しないことが必要である．また，すべての予約データに対して，管理者がチェックすべき予約を識別できなければならない．このような予約内容をチェックしたか否かといったデータは，それを判断した際にシステムに入力する必要がある．これは，紙ベースで申請を行う際の，学事課長の印と同じ意味をもつと考えられる．

現行の会議室予約システムでは，要求文中の申請書の形式にあるように，予約として管理したい情報が決まっており，この情報で予約管理が運用されている．まずは，現行のデータモデリングを行って，シナリオに登場する「予約」，「予約ができない場合の条件」，「不適切な使用に関係する項目」を定義し，上記で抽出したユースケースを再度確認することとする．2.1.1項の要求文には，現行での対応状況がいろいろと書かれている．例えば，管理者の予約は，申請者の予約に優先することがある．現行では，申請者に連絡をして，代替案を提示し，台帳を書き換えるといった運用を行っている．システム化された場合は代替案を誰が申請するのだろうか．申請者と使用責任者を区別すれば，管理者が申請者の代わりに申請することも可能である．

表3.5の分析より，この段階でのユースケース図は，**図3.3**のようになる．ここでは，「予約を更新する」は「更新項目」を拡張点[†]として，二つのユー

[†] 拡張点をもつユースケースは，<<extend>>というステレオタイプ付きの矢印で結ばれたユースケースごとに一つのユースケースとして読む．例えば，図3.3では，「申請者は会議室を更新することで予約を更新する（ことができる）」と読む．

3.2 会議室予約システムの要求分析

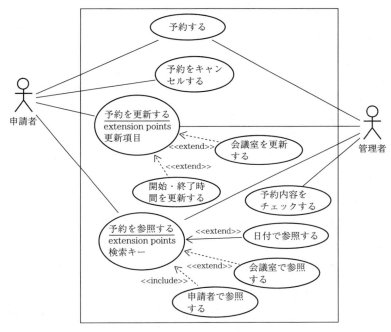

図 3.3 ユースケース図

スケース「会議室を更新する」と「開始・終了時間を更新する」とした。「予約を参照する」は「検索キー」を拡張点として三つのユースケース「日付で参照する」,「会議室で参照する」,「申請者で参照する」とした。「申請者で参照する」は,申請者の「予約を参照する」の事後条件によるものである。

3.2.3 データモデリング

ユースケースを定義する上で,「予約」,「予約ができない場合の条件」,「不適切な使用に関係する項目」を明確にする必要がある。まずは,2.1.1 項の要求文にある 3 枚複写形式の申請書の内容および要求文から,**表 3.6** のようにデータ項目を整理し,「予約」のデータモデルを作成する。そのデータモデルに従い,「予約ができない場合の条件」,「不適切な使用に関係する項目」を明確にする。

3. 要求分析

表 3.6 申請書に関するデータ項目

会議室使用願いの申請者による記入項目	申請日（年月日），所属，使用責任者氏名と印[※1]，連絡先（内線），使用目的，使用人数，使用日時（年・月・日・曜日・時・分〜年・月・日・曜日・時・分），使用会議室，使用設備[※2]
管理者による記入項目	学事課長の印と受付印（日付印）[※1] 予約台帳
会議室[※3]	建物，部屋名，収容人数
設 備	TV会議システム，空調（冷暖房）

表中の※印について説明する。

※1 紙ベースで申請を行う際の印の意味を考えてみよう。使用責任者の印は，申請者であることの証拠である。システム化した場合，申請者を認証して，ユースケース「予約する」を実行したユーザを特定できれば，印の代わりとなる。申請者と使用責任者は異なる場合もあるが，申請者の確認ができていれば十分である。学事課長の印は，予約を受け付けたという証拠である。システム化した場合は，管理者のユースケース「予約内容をチェックする」が終了したときに，管理者が問題なしと考えた場合にデータとして残すことで，印の代わりとなる。データとしては，問題なし・問題あり・未確認の3状態を識別する必要があり，これを予約のデータ項目として定義する。受付印は申請を受け付けた日付の記録である。システムにおいては管理者のチェックした日付となる。

※2 使用設備は表3.6にあるように2種類である。TV会議システムはすべての会議室にあるが，利用するには事前申請が必要である。空調は自由に使えるので申請は不要である。このことから，予約にはTV会議システムを利用するか否かの申請があればよい。

※3 会議室はつづき部屋として利用することができる会議室もある。4号館会議室は第1・第2会議室が，5号館会議室は第1・第2会議室がつづき部屋として利用できる。予約時に使用会議室を二つまで記入できるとよいが，すべての会議室がつづき部屋になるわけではないことに注意しよう。

3.2 会議室予約システムの要求分析

「**予約**とは「**誰**（使用責任者）が，いつ（開始）からいつ（終了）まで，どの**会議室**を利用するか」を（申請者）が（申請日）に申請するということである。」という構造から，太字の部分をクラスとして抽出し，それぞれ「予約」，「利用者」，「会議室」，「日時」と命名する。下線部をクラス間の関連として，図 3.4 のように定義した。クラスの属性は表 3.6 で列挙した項目から定義した。対応を見てほしい。表 3.6 の項目が，四つのクラスのうちどのクラスの性質を表しているかを考え，その属性として割り当てる。「予約」がもつ「利用者」，「日時」，「会議室」固有の性質を表す項目は，ロールにその属性名を当てはめている。すべての性質を予約に入れてしまうと，クラスが巨大になる。「予約」が申請者としての「利用者」を知っていれば，その性質は「利用者」から取り出せる。同様に，使用会議室として「会議室」を知っていれば，その先は「会議室」に任せればよい。使用日時は開始日時と終了日時に分けた。「予約」は複数のロールで「日時」を利用していることがわかる。使用設備は，※2 の説明から，予約における設備の利用は TV 会議システムの利用の有無のみを申請すればよいことがわかる。そこで，予約の属性として明記した。

　3.1.3 項で説明したクラス図の読み方を思い出して**図 3.4**を読んでみよう。関連およびロールは上述のとおりである。※1 の説明より，管理者のユースケース「予約内容をチェックする」の終了時に，確認日と学事課の確認を残すことにした。確認日は日時で表されるが，未確認の場合は未定義であるため，多重度は 0..1 となっている。学事課の確認は 3 状態をとるということなので，文字列で表すこととした。予約の使用会議室としての会議室の多重度は 1..2 である。これは，※3 の説明にあるようにつづき部屋を考慮している。ただし，この書き方だと，予約では会議室が一つまたは二つ指定できるということになるが，指定できる会議室には制約があることは，表現できていない。別途組合せの条件については，ノートなどで記述しておく必要がある。◇は集約と呼ばれる，全体部分を表す関係である。予約台帳は予約の集合であることから，集約により，全体としての予約台帳を定義している。

　図 3.4 には「種別」というクラスがある。これは，設備の具体的な種類を表

3. 要求分析

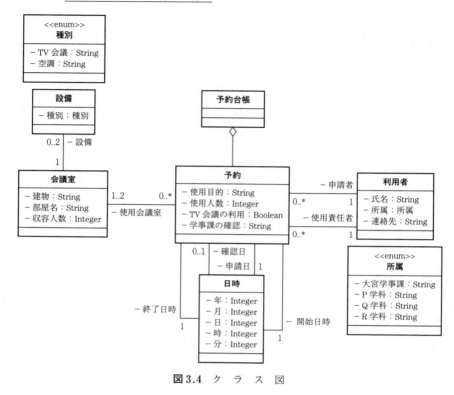

図3.4 クラス図

┌─ コーヒーブレイク ─

多対多の関係

　予約は，利用者と会議室の間で成り立つ約束事である。この二つのオブジェクトの関係を考えてみよう。利用者から見れば，複数の会議室を使用することができる。会議室から見れば，複数の利用者から利用される。すなわち，予約するという利用者と会議室の間の関係は**多対多**の関係になる。3.1.3項で示した図書の貸出しの場合も，利用者と貸出対象の複本との関係は，やはり多対多である。すなわち，実世界では，このように物と物の関係が複雑であることから，図3.4のように予約というオブジェクトにより，この二つの関係を管理するということになる。図書の貸出しの場合も，二つのオブジェクトの間に貸出記録を置くことで，この複雑な関係を管理することができる。4章で多対多のモデリングを詳しく説明する。

す値を列挙したものである．要求の中には，このように固定の値が登場する．そこで，UMLの記法を拡張する仕組みであるステレオタイプを用いて，定義することにする．ここではクラスの記法に，定数の定義ができるように<<enum>>というステレオタイプを付けている．「所属」も同様である．

3.2.4 ユースケース記述

クラスの属性が見えてきたところで，ユースケース「予約する」と「予約内容をチェックする」のユースケース記述をアクティビティ図で定義してみる．この過程で，「予約ができない場合の条件」，「不適切な使用に関係する項目」についての規則を定義する．

ユースケース「予約する」は**図 3.5** のようなユースケース記述になる．ここでは，予約ができる条件が明らかではないが，予約に必要な項目を入力することで予約が生成され，台帳に追加されるというアクションフローが定義されている．さらに，予約を作成するために必要なオブジェクトノード，「予約一覧：予約台帳」，「使用責任者：利用者」，「申請者：利用者」，「使用会議室：会議室」，「予約：予約」も明記している．オブジェクトノードはユースケースに現れるクラスのインスタンスであり，「オブジェクト名：クラス」の形式で書かれる．「使用責任者：利用者」，「申請者：利用者」のように同じクラスのインスタンスであるが，意味が異なるため，オブジェクト名を変えている．ここの名前を工夫すると，単にクラス名だけにするよりもユースケースを読むときに読みやすくなる．

ユースケースに登場する入力項目とオブジェクトノードから，「予約ができない場合の条件」と「不適切な使用に関係する項目」を分析する．

予約ができない場合とは，同じ会議室に対して，重複する時間にすでに予約が入っている場合である．つぎの二つが条件である．

① 二つの予約の使用会議室である会議室が同じである．
② 二つの予約の開始日時から終了日時の区間に重なりがある．

表 3.6 の項目に対して，予約時の申請者の入力項目の制約を考えてみる（**表**

54   3. 要求分析

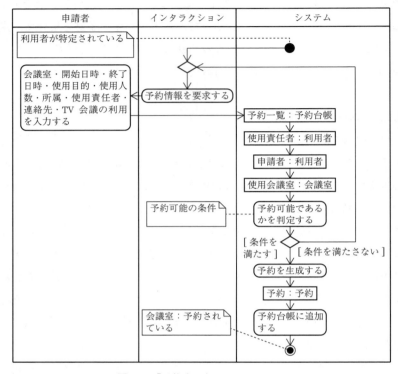

図3.5 「予約する」のユースケース

3.7)。

表3.7の※1は下記に示す要求文の文章から分析した。つぎに示される枠内の①は制約として決定しているが，②は「原則」とある。実際には，あまり時間外の利用はないことから，予約の記録としては9時から21時で管理してもよいかもしれないが，こうした事情も記録できる項目があれば，問題があった場合に役に立つと考えられる。

その場合には，モデルに対してつぎのことを行う必要がある。

- 「予約」クラスに「特記事項：String」の属性を追加する。
- 管理者のユースケースとして「予約に特記事項を記録する」を追加する。

3.2 会議室予約システムの要求分析

表 3.7 入力項目の分析

	項　目	データ生成方法	制　　約
利用者	申請日	システムが取得	なし
	所属	登録された利用者から選択	なし
	使用責任者氏名	登録された利用者から選択	なし
	連絡先	登録された利用者から選択	なし
予約	使用目的	自由記述	管理者が不適切か否かを判断する
	使用人数	自由記述	使用会議室の収容人数
	開始日時	選択	現在日時以降，次年度末日まで[※1] 時間は 9 時から 21 時まで
	終了日時	選択	現在日時以降，次年度末日まで 時間は 9 時から 21 時まで
	TV 会議の利用	有無から選択	なし
会議室	使用会議室（建物・部屋名）	登録された会議室から選択	二つ選択された場合，つづき部屋であるか否か

---

① 申請可能な時期に関する条件は，学事課の職員が次年度の予定を入れることがあるので，現在日時に対して，次年度いっぱいを期限とする。
② 使用時間は原則として 9 時から 21 時である。事情によってはこれ以外でも認めることがある。ただし，例えば徹夜で会議室を使用する場合には，別途学生課に徹夜申請を行う必要がある。

予約における不適切な使用に関する項目とは予約の項目について管理上，不具合がある場合である。

使用時間については，入力制限を設けたことにより，原則に合わない場合は，その状況を前述のように管理者が記録できるようにしたので，特に問題はないと考える。

使用目的については，問題があるかもしれないため，この項目を管理者が確認する必要がある。そこで，ユースケース「予約内容をチェックする」では**図 3.6** のように，「予約」クラスの「学事課の確認」の状態に応じて，内容の確認を行う。システムとしては，確認して予約オブジェクトの状態を変更するだ

56   3. 要 求 分 析

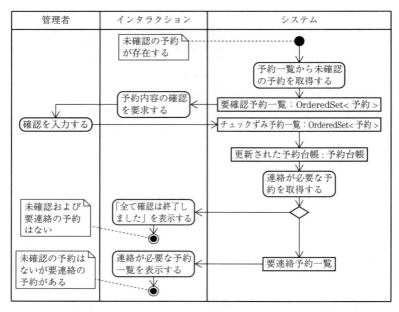

図 3.6　「予約内容をチェックする」のユースケース

けであるが，管理者は，チェックした結果に応じて申請者に注意を行う必要がある。会議室の使用が認められない場合には，その旨を連絡し，キャンセルを行わなければならない。キャンセルをしないまま使用できないと，他に使用したい人がいた場合に迷惑である。現状では，キャンセルを行えるのは申請者のみであるが，使用が認められない場合は管理者がキャンセルすることも必要かもしれない。その場合には，管理者のユースケースとして「予約をキャンセルする」を追加する。

図 3.3 のユースケース図にある他のユースケースについても，アクティビティ図を書いてみよう。手順を想定すると，現状のクラス図に不足がないかを確認できる。

会議室予約システムでは，複数の「利用者」や，「会議室」の情報が登録されている必要がある。「予約」オブジェクトに対して，CRUD の観点からユースケースの抽出を行った。「利用者」と「会議室」についても同様に CRUD の

観点からユースケースを考える。クラス図には，会議室予約システムで予約を管理するために必要な，重要なデータが定義されている。「会議室」の情報は，あらかじめシステムがもっていないと役に立たない。しかし，学内の事情で，会議室の構成は変化するかもしれないので，更新はできないと困る。どのようなユースケースがなぜ必要なのかを考えてみよう。

3.2.5 非機能要求の観点からの分析

表3.3の分析から，基本シナリオを満たすようにユースケースを抽出した。今度は，ここまでに定義したユースケースとクラス図から，表3.2で述べたシステムの目標が達成できそうかを考えてみる。要求を定義する上で，この確認作業は重要である。表3.2の目標を再掲する。

表3.2 システムの目標（再掲）

ステークホルダー	役割	目　　　標		
学内教職員	申請者	予約が簡単にできる	利用しやすい環境である	①
			予約すれば他の手続きなしに使える権利を得ることができる	②
			操作が簡単である	③
		予約が保証される		④
学事課職員	管理者	会議室使用により，会議室・備品に不具合が発生した場合，責任の所在が明確である		⑤
		不適切な使用目的や，占有がなく，申請者が結果的に会議室を利用できる		⑥

①および③については，要求分析の結果，必要な入出力に関してはPC，タブレット，スマートフォンによる実装が可能であることがわかったので，操作性については設計・実装の段階で吟味する。

ユースケース「予約する」で予約を行い，管理者が「予約内容をチェックする」ことで問題がなければ，予約は容易に行えるので，②の目標は満足していると考えられる。

④については，「予約する」で明らかになった条件を満たせば，予約できる

ことはわかった。ただし，「保証する」の意味は曖昧であり，さらに別の観点からの検討が必要である。

「予約」には，予約の責任者と連絡先が記録され，不具合が発生した場合に連絡することができるので，⑤の目標は満足していると考えてよい。

管理者のユースケース「予約内容をチェックする」で不適切な使用目的や占有に関しては，ユースケースの定義から，管理者は誰に連絡が必要かを確認できるので，作業がしやすいといえる。連絡を受けた申請者が予約をキャンセルまたは更新するか，管理者が代わりにキャンセルすればよい。この意味では⑥の目標は満足しているように思える。ただし，不適切な使用目的は，個々の予約を確認して判断できるが，占有は，申請日時が異なるとわからない場合もある。ユースケース「申請者で参照する」で同じ申請者が多くの連続した予約をしているかを確認することは可能であり，管理者が占有を発見できる可能性はある。

以上，これまでに抽出したユースケースが①〜⑥の目標を満たしているかを考えた。目標を満たすためには，ユースケースを利用する人が，適切なタイミングで作業を行わなければならない場合もあることに注意しよう。開発しているシステムは，使用者も含めてサービスの質が決まるということである。

つぎに，目標自体が曖昧で，ユースケースが十分かを判断できないことに対し，別の観点からユースケースを見つけることを考える。

予約の条件は「予約台帳にある予約の中に，同じ会議室で，開始日時と終了日時の時間に重なりのあるものが存在しない。」であり，これはユースケース記述の中で見えているデータの属性値から判断できるものである。現段階では，この条件を満たせば，予約ができ，学事課のチェックで問題なければ予約は保証されることがわかる。問題があるということは，申請者の違反があるということなので，申請者の責任範囲外でも保証されていることが最終的な目標といえる。

それでは，申請者の責任範囲外でも保証されているとはどういうことだろうか。図 3.7 のクラス図を見てみよう。このクラス図は図 3.4 のクラス図にこれ

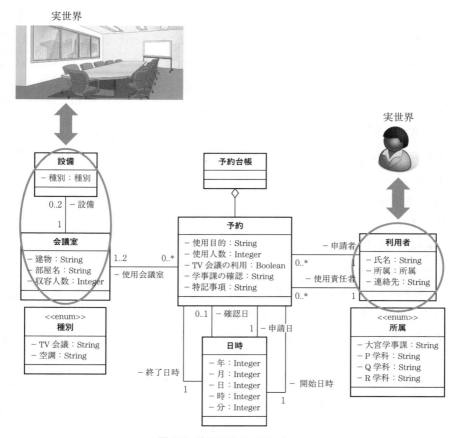

図 3.7 実世界のオブジェクト

までの分析で述べた属性を追加したものである。

会議室予約システムは，実世界の会議室を利用者が使用する「予約」という関係を，システム内の情報として管理するシステムである．すなわち，会議室や利用者は実世界に存在する実体であり，これらが会議室予約システムのサービスに悪い意味で影響を与えることがないかを考えなければならない，ということである．こうした悪い影響を**リスク**と呼ぶ．

具体的にいうと，会議室の天井から水漏れがあり，修理しなければ使えない状態になった場合を考えてみよう．明日，その会議室を予約していたとする

と，修理には数日かかるため，その会議室は使えないことになる．また，明後日の予約をする人には，その会議室が予約できないことがわからないと困る．会議室は使えても，TV 会議システムが故障したら，会議を延期しないといけない．空調の故障は，真夏や真冬であれば，部屋の変更をしたくなる状況である．

こうしたリスクへの対応ができていることがシステムの利用者にとって望ましい結果であり，申請者の目標である「申請者の責任範囲外でも予約が保証される」ことにつながる．クラス図の中で影響を与える実世界に存在する実体は，「会議室」とその「設備」，および「利用者」である．会議室の予約が成立する条件には，つぎの項目も必要であることがわかる．

- 予約日に会議室が使用できること
- 申請者が利用しようとしている設備が使用できること

「利用者」に関するリスクはどうだろう．目標⑤は「会議室使用により，会議室・備品に不具合が発生した場合，責任の所在が明確である」ということである．「予約」には，予約の責任者と連絡先が記録されているので，不具合が発生した場合には連絡することができるので，⑤の目標は満足していると考えた．

しかし，「利用者」が別の人のなりすましであった場合は，責任の所在は実体とは異なってしまうことになる．そこで目標をより正確に定義し直す必要がある．申請時に，申請者となっている人がその当人である確実性を増すには，システムが許可された既知の利用者を認証していることが重要である．「予約」では，申請者と使用責任者の両者が記録されるので，少なくとも申請者にその責任を問うことができる．そこで目標をより正確に定義し直し，その対策を検討する．

表 3.8 は，リスクの分析により，変更したシステムの目標を示している．管理者の目標を一つ追加し，既存の目標を下線部のように修正した．申請者の目標である「予約が保証される」をより詳細化した．目標は初めから具体的には書けないものである．必要に応じて修正し，明確な目標を定めて，その目標を

表 3.8 リスク分析によるシステムの目標の見直し

ステークホルダー	役割	目	標
学内教職員	申請者	予約が保証される	会議室が実質使用できないのに予約できていることはない
			トラブルがあれば速やかに状況を知ることができる
学事課職員	管理者	会議室・備品に不具合が発生した場合，予約者に不都合が起こらないように対処できる	
		会議室使用により，会議室・備品に不具合が発生した場合，責任の所在が正しく把握できる	

満たしているかを検討するとよい．目標が明確でないうちは，別の観点から見直しをするとよいだろう．

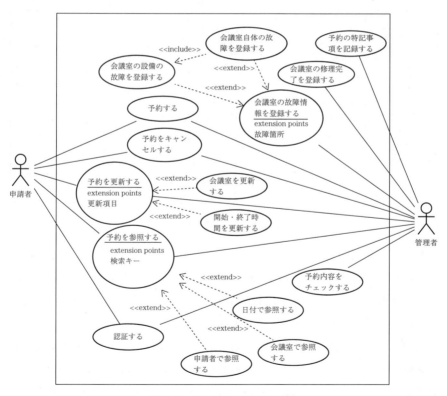

図 3.8 ユースケース図の更新

62   3. 要 求 分 析

この結果を踏まえて，新たなユースケースを抽出し，クラスにも追加を行う．**図 3.8** が更新したユースケース図であり，**図 3.9** が更新したクラス図である．

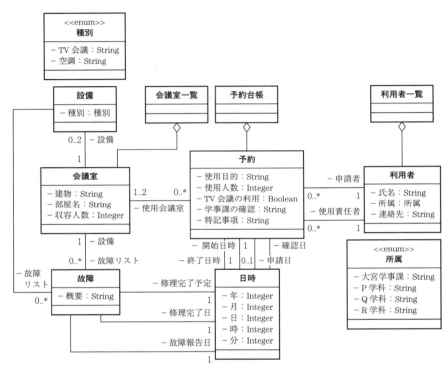

図 3.9 クラス図の更新

利用者に起因するリスク対策として，ユースケース「認証する」を追加する．これは，申請者も管理者も利用するユースケースである．これにより，申請には使用責任者と申請者が必要であることから，申請者の認証が正しく行われ，責任の所在を正しく把握できるようになる．

会議室と設備に起因するリスクに対しては，まずは，予約ができない条件に会議室が使用できないということを追加しなければならない．そのためには，管理者が，会議室の故障情報を登録するユースケースが必要となる．故障期間

は予約ができないことになる．しかし，設備の場合には，その設備を使用する必要がないなら，予約は可能としなければならない．

それでは，すでに予約が入っている会議室や設備が故障した場合はどうであろう．管理者が会議室の故障を登録した時点で，その会議室を故障期間中に予約している予約を調べることができる．現在，「日付で参照する」と「会議室で参照する」ユースケースがあるので，これを利用できる．この結果から，管理者は，これらの予約の申請者に，故障の情報を通知することができる．通知の方法は，システムからメールを送ることもできるし，システムとは別に，電話で知らせることにしてもよい．この場合は，結果的に，会議室の代替案がなければ，申請者の予約は保証できないことになる．

3.3　長方形エディタの要求分析

長方形エディタは，利用者がシステムを利用して長方形をつくったり，削除したりできることが，目標である．ここでは，個人が利用するだけのシステムなので，利用者の利便性を考えればよい．まずは，2.2.1項の要求文に沿って段階的に分析をしてみよう．方針はつぎのとおりである．

- ユースケース単位は明確なので，ユースケース図と全体の動きを，要求文(3)に沿って定義する．
- ユースケース記述については，要求文の(1)，(2)にあるように，長方形の編集コマンドが複数あるので，まずは作成と削除のコマンドから考え，全体が見えてきたら，他のコマンドも増やす（つくれて，削除できるということは，つくったものを保持できているということである）．
- 長方形がつくれる条件を考えず，うまくいくケースである基本フローを考える．条件は要求文の(4)，(5)に書かれている．

3.3.1　ユースケース

要求文(1)と(2)より，長方形エディタのユースケースを**図3.10**のように

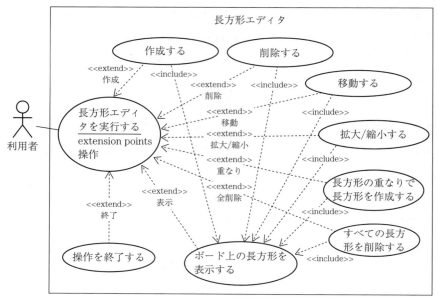

図 3.10 ユースケース図

定義する。各コマンドが一つのユースケースに対応している。ユースケース「長方形エディタを実行する」は，要求文 (3) に示された，長方形エディタの操作の流れを表すユースケースである。ここでは，他のユースケースを実行対象の操作として選択するという意味で，ユースケースの**拡張**を使用している。長方形エディタを実行すると，操作が作成であれば「作成する」のユースケースを使用するということになる。この関係は，アクティビティ図を用いて，**図 3.11** の手順として定義できる。ここで，⬚はサブアクティビティと呼ばれ，別のアクティビティ図を呼び出すことを意味している。

また，「ボード上の長方形を表示する」というユースケースは，単独でも利用される機能ではあるが，コマンド終了時点で，最新のボードの状態を表示することから，すべてのコマンドのユースケースに含まれるという意味で，**包含**を使用している。拡張は矢印に付加されたステレオタイプ <<extend>> で表される。包含はステレオタイプ <<include>> で表される。

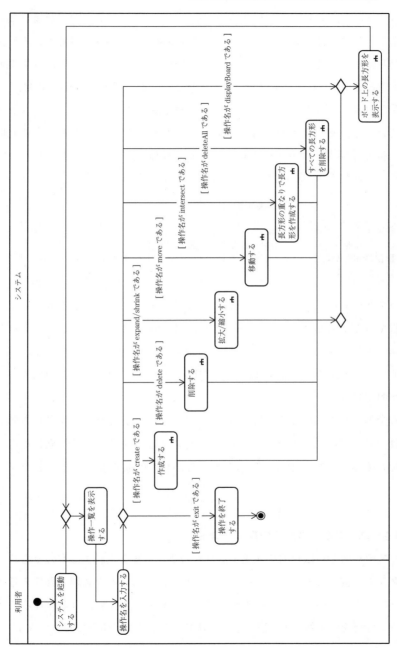

図 3.11　ユースケース：長方形エディタを実行する

図 3.11 は,「長方形エディタを実行する」をアクティビティ図で定義したものである。ここでは, ユースケース図の拡張の意味に従い, 利用者がシステムを起動してから, 他のユースケースをどのように呼び出すかをつぎに示す要求文 (3) にある手順 a), b), c) に従い, 定義している。開始ノードから始まって, 矢印に沿ってフローを読んでみよう。表 3.9 にある手順 a), b), c) と対比してみると, そのとおりになっていることが確認できる。b) の操作が選択された後の「要求されるデータを入力する。操作の実行が終了すると」までが, 各ユースケースが呼び出されて実行されることに相当する。

表 3.9 要 求 文 (3)

a) 起動すると, 操作一覧が表示される。
b) ユーザは操作を選択し, 要求されるデータを入力する。
c) 操作の実行が終了すると, 操作一覧に戻り, exit が実行されるまで操作を選択することができる。

ユースケース図にあったように,「ボード上の長方形を表示するは, 単独でも選択できるし, 他のユースケースの後に必ず呼び出されていることがわかる。ユースケース図では, ユースケースの実行順序の関係は定義できないが, アクティビティ図のような振舞いをモデリングする図では, こうした振舞いの順序が明記できる。

この全体の流れに対して, 個々のユースケースを考えるが, まずは長方形がつくれなければなにも始まらないので,「作成する」を考える。作成した長方形を保持することで, その長方形を表示したり, 削除したりすることができる。

3.3.2 ユースケース記述の基本フロー

ユースケース記述は目的を達成するための処理手順を定義するものである。プログラムを書くときにも思い当たると思うが, いろいろな処理の条件を考えて, 分岐を入れていくと, どのように制御しているのかがわかり難くなることがある。分析をする場合も, 複雑さを管理できるように, 順番に考えてみよう。

3.3 長方形エディタの要求分析

本書ではつぎの二つの方針で考える。
- 基本フローから例外フローへ
- アクションフローとデータフロー

「長方形を作成する（操作 create）」のユースケースの基本フローを，つぎの要求文 (1) の a) に沿って考える（**表 3.10**）。

表 3.10　要 求 文 (1)

a) 幅，高さ，左上の位置 (x 座標，y 座標) を与えて長方形を作成する。create

「四つの値を入力して，システムが長方形をボード上につくる」ということをアクションのフローで定義する。

フローを考える前に，このユースケースの**事前条件**と**事後条件**を考える。長方形はボード上につくるので，ボードが存在することが事前条件となる。事後条件は，作成された一つの長方形がボード上に増えていることである。事前条件と事後条件を考えることは，フローを複雑化しないことや，フローで達成したいことを認識することに役立つ。

フローはアクションの系列で定義するが，アクションの役割を意識して定義するとユーザとシステムのやり取りが明確になる。**図 3.12** のアクティビティ図を見てみよう。アクションの役割を整理するために，アクティビティ図のパーティションを用いる。「利用者」，「インタラクション」，「システム」というラベルづけされた四角形が「パーティション」であり，ラベルがアクションの主体を示している。「インタラクション」というパーティションは，ユースケース分析をする際に，アクターとシステムの間でのやり取りとシステム内部の振舞いを分離して整理するために設けたパーティションであり，「利用者」と「システム」の相互作用に関わるところのアクションを割り当てる。各パーティションの役割は，**表 3.11** のように考える。

アクションは「長方形を作成する」というように，目的語 + 動詞の形式で書くことが多い。ただし，特に制限はないので，書き方に気を付けないといけない。パーティションにより，アクションの役割を整理すると，使用する動詞

68   3. 要 求 分 析

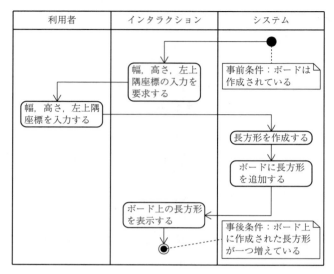

図 3.12 「作成する」の基本フロー

の種類を表のように限定できる．ソフトウェア開発では，用語の統一は，プロダクトの曖昧性を排除し，正確性を増す上で重要である．要求分析の段階では，用語を整理し，開発者間で合意を得ることが必要であるので，言葉の選び方には注意したい．

表 3.11 アクションの役割

パーティション	アクションの役割	動詞の例
アクター（システムごとにアクター名で示される）	システムに対する入力	入力する・選択する
インタラクション	利用者からの入力に対する要求	要求する
	利用者への結果の出力（正常の場合の結果または例外の通知）	表示する
	入力値の精査（型を明記することで，明示的なアクションを書かないこともある）	検査する
システム	システムの扱うデータの CRUD 処理 条件の判定処理（ガードに条件を明記し，明示的なアクションを書かないこともある）	生成する・検索する・更新する・削除する・追加する・判定する etc.

図 3.12 が，事前条件の下で，開始から終了までの一連のアクションの系列で，長方形を「作成する」の基本的な処理フローになっていることを確認しよう。

さて，この段階では，長方形を作成するための必要なデータと長方形がボードに追加されることで，ボードが更新されることが読み取れる。そこで，つぎに，アクションの目的語となっている名詞で表される，これらの入力，長方形，ボードとはどのようなものなのかを，データフローの観点からモデリングしてみる。

3.3.3 データモデリング

図 3.13 には，「幅」，「高さ」，「x 座標」，「y 座標」，「作成された長方形」，「ボード」の六つの四角形が追加されている。これはオブジェクトノードと呼ばれ，各アクションの間で受け渡されるデータを表している。オブジェクトノードは「オブジェクト名：クラス」の形式で定義される。

ここでは「幅，高さ，左上隅座標を入力する」というアクションの結果，「幅」などの四つの Integer 型のデータが生成され，「長方形を作成する」アクションに受け渡されて[†]，このアクションが「長方形」のデータを生成するということを表している。そして，「作成された長方形」は「ボードに長方形を追加する」アクションにより，「ボード」に追加され，「ボード」データが更新されていることを示している。それぞれのデータはどんな構造をもっているかをクラス図で定義する。

まず，要求文には，**表 3.12** のように，長方形・ボードに関する記述がある。ここから，**図 3.14** のような二つのクラス「長方形」と「ボード」，およびそれ

[†] 図 3.13 の四つの Integer 型のオブジェクトノードの前後の黒い棒は，前者をフォークノード，後者をジョインノードと呼ぶ。フォークとジョインの間に挟まれたフローは並列動作をするという意味になる。通常のアクティビティ図のフローは，書かれた順序に逐次実行されるという意味であるが，並列にすると，それらの間の順序は特に定められていないということになる。ここでは，四つのデータが，順序に関係なく受け渡されると読んでほしい。

70   3. 要 求 分 析

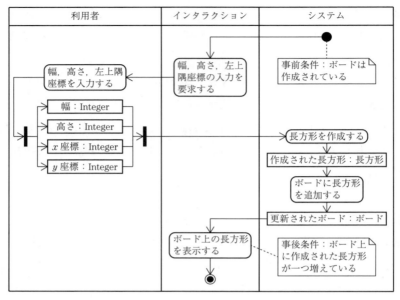

図 3.13 基本的な処理フローと関連するデータ

表 3.12 長方形・ボードとは

　一定の幅と高さをもつボードがある。図 2.2 のようにボード上には左上隅を原点とする座標系 (x 座標, y 座標) が定義されているとする。このとき，つぎの条件を満たすように二辺の長さ（幅と高さ）と左上の位置を表す座標をもつ長方形をボード上で編集するプログラムを作成しなさい。座標系の単位はピクセルとする。

図 3.14 長方形とボード

ぞれの属性が定義できる。網掛けの部分および下線の部分に注目してほしい。
　ただし，ここでは「二辺の長さ（幅と高さ）と左上の位置を表す座標をもつ長方形」をボード上で編集するとあるように，長方形を決定する要素が，左上

隅の座標と二辺の長さであることから，このような属性になる．長方形は，その対角となる二つの座標でも決定できるので，その場合は属性の定義が異なる．

さらに，長方形は一つのボード上に複数配置されるとあるので，長方形から見るとボードは配置されるあるボード aBord というロールであり，多重度は 1 である．また，ボードから見れば長方形は配置されている複数の長方形 rectangles である．すなわち，ボードは複数個の長方形の集合を知っているということである．**表 3.13** の要求文 (4) 長方形に関する条件 c) より，配置できる長方形の数は 0〜10 であるので，多重度は 0..10 となっている．

さらに，「座標系の単位はピクセルとする．」とあることから，属性の型はInteger とした．

表 3.13　要求文 (4) 長方形に関する条件

a) ボード上で同じ幅，高さ，位置をもつ長方形は同一の長方形とみなす．
b) 今回は点および線分は長方形とはみなさない．
c) ボード上に配置できる長方形の数の上限は 10 とする．

図 3.13 のアクティビティ図のオブジェクトノードが，図 3.14 のクラスで定義された．**図 3.15** に示すように，入力の四つのデータから，長方形の四つの属性が決まり，長方形のインスタンスが生成できることがわかる．図 3.14 の長方形クラスとボードクラスの関係は，ボードが rectangles：Set<長方形> という属性をもっていることと同等である．そこで，この集合に生成した長方形を追加することでボードが更新される．ここで Set は重複のない順序関係のない集合である．

ここまでで，長方形を作成するユースケースの基本フローと，各アクションが対象とするデータのクラスが定義できた．

それでは，もう一つ，ユースケース記述をしてみよう．**図 3.16** はユースケース「移動する」である．ボード上に長方形がないと移動できないので，「移動する」の事前条件には，「ボードに長方形が一つ以上存在する」が追加されている．事後条件は，移動させたいと思った長方形が移動していることであ

72　3. 要　求　分　析

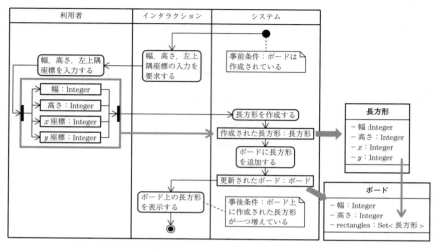

図 3.15　オブジェクトフロー

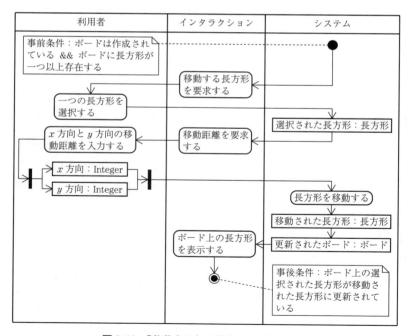

図 3.16　「移動する」の基本フローとデータ

る。ここでも，コマンドに必要な値を入力し，その値を用いて選択された長方形を移動している。図3.14のクラスの関連から，長方形が更新されれば，ボードも更新される。

図3.11のサブアクティビティ「作成する」に，図3.13のアクティビティ図を，サブアクティビティ「移動する」に図3.16のアクティビティ図を当てはめることで，長方形エディタの全体の流れができる。この段階で，この流れをプログラミングしてみるのもよい。もちろん，現段階のアクティビティ図は，不適切な値でも，とりあえず長方形はできてしまうものであることに注意しよう。どのようにコード化するかは5章で説明する。

3.3.4　ユースケース記述の例外フロー

つぎに，図3.13について，各アクションが成り立つかを考えてみよう。パーティションごとに役割が異なるので，**表3.14**のように考えてみる。

表3.14　アクションが成り立たない条件

パーティション	アクション	アクションが成り立たない条件	
アクター	幅，高さ，左上隅座標を入力する	入力値なし	
インタラクション	幅，高さ，左上隅座標の入力を要求する	なし	
	ボード上の長方形を表示する	表示するデータがない	
システム	長方形を作成する	長方形にならない入力値	幅，高さが0以下
			点・線分：条件(4) b)
		重複：条件(4) a)	
		はみ出し：条件(5) a)	
	ボードに長方形を追加する	上限：条件(4) c)	

要求文(4)と(5)に明記されている条件を表3.13と**表3.15**に再掲している。この網掛け部分を参照してほしい。表3.13の条件が，アプリケーション固有のデータの不変条件である。不変条件とはこのアプリケーションが動作している間中，このデータが満たさなければならない条件のことである。表3.15の条件は操作が成り立つための条件と，成り立たない場合の対処方法が示されて

表 3.15　要求文 (5) 操作に関する条件

a) ある操作によって，ボードから長方形がはみ出す場合には，その入力の値を無効として，操作をやり直す。
b) 操作が無効である場合は，適切なメッセージを出力する。

いる。

　表 3.14 におけるその他の，入力値がない，表示するデータがない，は操作自体ができなくなる場合であり，どのようなアプリケーションでも対処しなくてはならない条件である。また，「幅，高さが 0 以下」は長方形というものの普遍的な例外条件であり，長方形が登場する場合には，どのアプリケーションも対処しなければならない例外である。

　このように例外にもいろいろと種類があるということに注意しよう。

　図 3.13 のアクティビティ図に対し，上記の条件によって，表 3.15 の操作に関する条件を満たすように，例外フローを **図 3.17** のように定義する。

　表 3.14 のアクターとインタラクションの例外は，各アクションの箇所で対処すればよいので，この段階でのフローの変更はない。長方形にならない入力値，重複，はみ出し，上限への対応によりフローを追加した。上限は，長方形が作成できた場合には一つ数が増えるため，作成される前に判定すべき条件である。そこで，事前条件に追加した。その他の三つの条件を満たさない場合は，再度，適切な入力を促すため，入力の要求アクションへフローをつないでいる。ここで，複数の矢印が分岐しているノードがデシジョンノードであり，矢印の上の [ ] で囲まれた記述が，分岐の条件であるガードである。ここでは複数の条件が ||（OR の意味）または &&（AND の意味）で結合されている。また，複数の矢印が合流しているノードが，マージノードである。つぎのアクションが複数の状況で発生することを示している。事前条件の追加は &&（AND の意味）である。

　それでは，「移動する」の場合はどうだろう。同様に，表 3.14 のアクションが成り立たない条件を考えてみて，**図 3.18** のように例外フローを定義する。

　「移動する」場合は，操作によって長方形の数は増えないので，事前条件に

3.3 長方形エディタの要求分析　75

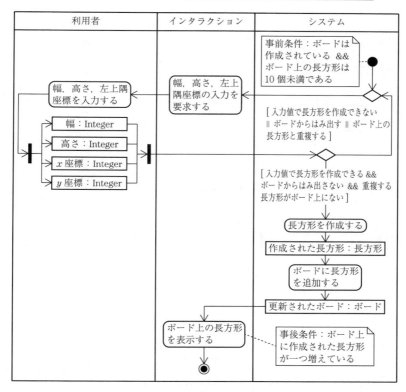

図 3.17 「作成する」例外の条件と例外への対応フロー

上限の条件は必要ない．移動する長方形を選択しなければならないが，選択肢の入力誤りが発生する場合には，これに対処しなければならない．例えば，CUI で選択肢を表示して，そこから選ばせようとしたときに，利用者が選択肢以外の値を入力することがある．これは，CUI では避けられない条件である．

さて，例外フローの分析はこれで十分だろうか？ つぎの二つの観点も，要求分析の段階で考えてほしい．

一つ目の観点は，例外時の対処方法についてである．ユースケース「作成する」において，図 3.12 の基本フローと図 3.17 の基本フロー＋例外フロー では，利用者からはなにが見えるかという観点から眺めてみる．**図 3.19** は「作成する」の基本フローのみの場合と，基本フロー＋例外フロー の場合のアク

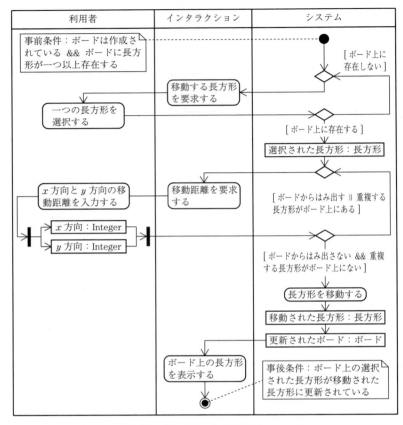

図 3.18 「移動する」例外の条件と例外への対応フロー

ティビティ図である。利用者とインタラクションパーティションだけを読んでみる。図中の点線の丸の箇所のマージノードで示されるように，利用者への要求は 2 通りの場合があり，条件は ‖ で定義されている。

要求文 (5) b) にも，例外に応じて，適切なメッセージを出すことが記載されている。また，図 3.17 や図 3.18 では，分岐において複数の条件がガードに書かれている。やり直しのために戻る箇所は同じでも，メッセージは異なるほうが，なにを直したらよいかを利用者が理解する上で親切な場合がある。長方形にならない値なのでいけないのか，はみ出しているからいけないのか，重なっ

3.3 長方形エディタの要求分析

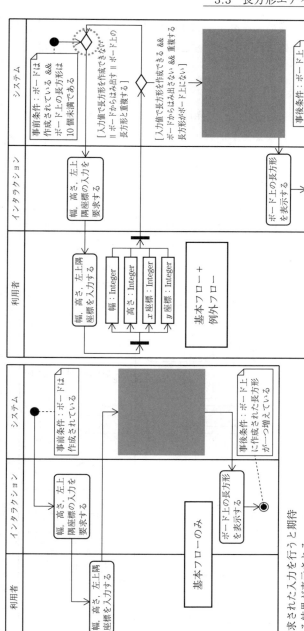

図 3.19 基本フロー + 例外フロー

ているからいけないのかを識別できると，つぎの入力が容易になる。また，例外の原因を確認できれば，処理のフローがどこへ戻れば適切なのかも検討できる。

図 3.20 は，例外時の対処として，例外メッセージをガードの条件ごとに分離して表示するアクションを追加した，「作成する」のフローを表している。また，事前条件に付加されたボード上の長方形の上限に関する条件の判定のアクションと例外メッセージの表示も追加されている。メッセージを表示するアクションは，利用者に見えるアクションであることから，インタラクション

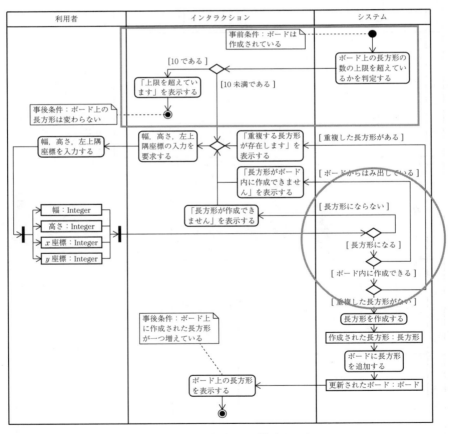

図 3.20　要求 (4), (5) を加味した「作成する」のフロー

パーティションに記載している。この例では，図中の四角形で囲まれた部分では，ガード条件を判定するメソッドを追加しているが，丸で囲まれた部分では，判定メソッドは定義していない。前者はユースケースの事前条件であり，この部分の例外処理は，図 3.11 に追加すると考えてもかまわない。設計の段階では，ガードの判定のメソッドを定義する必要があるが，ここではアクティビティ図の複雑化を避けるために，判定すべき条件のみを明記することにした。

二つ目の観点は，例外の条件が，すべてのユースケースに対して一貫性があるか，という観点である。ユースケースはアクションフローであるが，そのアクションを制限している条件が，あるデータ，すなわちクラスの属性における関係式ならば，そのデータの生成，更新に関わるユースケースのすべてで，この条件を満たす必要がある。このような，対象システムにおけるあるクラスがつねに満たさなければならない条件を，**不変条件**と呼ぶ。

要求 (4) は，長方形とボードのデータに関して，長方形エディタの中でつねに成り立たなければならない条件を示している。すなわち**図 3.21** に示すように，長方形を作成したときも，移動したときも，拡大/縮小したときも，作成または更新された長方形データは，ボードのデータに対してつねに要求 (4) を満たしていなければならない，ということである。そこで，長方形とボードが登場するユースケースのアクションにおいて，条件を考えるだけでなく視点も変えて，生成または更新される長方形がこの条件を満たしているかどうかを確認してほしい。

また，図 3.11 のユースケース「長方形エディタを実行する」は，これまでの分析から，ユースケースの事前条件が変更されている。「作成する」の事前条件は，説明の都合上，図 3.20 のアクティビティ図内で記述しているが，全体をまとめるユースケース「長方形エディタを実行する」において整理すべきである。**図 3.22** はガードとして，事前条件を追加したものである。図 3.20 の上部四角形で囲まれた例外処理は，長方形の数が増加するコマンド「作成する」と「長方形の重なりで長方形を作成する」の二つの条件に追加されてい

80   3. 要求分析

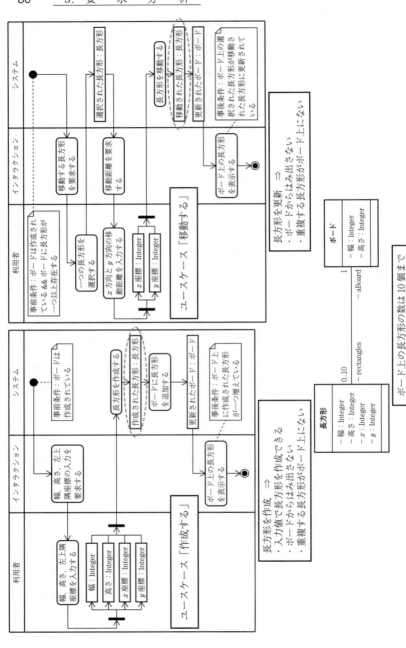

図3.21 データの不変条件

3.3 長方形エディタの要求分析

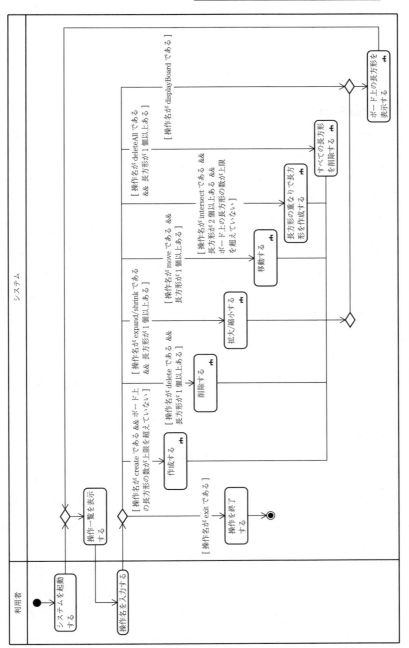

図 3.22 事前条件の追加

る。

3.4 事例の考察

3.4.1 会議室予約システム

　会議室予約システムの要求分析では，紙ベースで行っていた会議室予約業務をシステム化することを考えた．現状の問題点を解決できるように，システムのステークホルダーと，その目標から分析を始めた．利用者の立場によって，システムから得たいサービスは異なる．

　これは，要求工学では「要求獲得」と呼ばれる重要なプロセスである．本書では方法についての詳細は述べないが，本書の分析で用いたように，誰が，このシステムにどのように関わり，なにを達成したいかを考えてほしい．そして，そのステークホルダーがシステムを利用して具体的に行う作業について，数多くのシナリオを想像してほしい．自分がそのステークホルダーとして作業することを具体的に考えることによって，どのようなユースケースが必要かをとらえることができる．

　一方，データモデリングを行うことで，サービスに本質的に必要なデータに基づきその CRUD の必要性と使い方を検討することによっても，必要・不必要な機能を考えることができる．

　システムの目標の①や③については，今回の状況では，1.2.2 項で述べた利用するユーザの特性，および利用するハードウェアや外部システムとの関係を考慮する必要はなかった．ユーザの特性および外部システムとの連携は非機能要求の一種だが，これを考慮するとユースケース記述自体が変わってくる．例えば，前にも述べたタクシーを呼ぶアプリケーションを考えてみよう．通常，タクシーを呼ぶ場合には，自分の名前といまどこにいるかを相手に伝える必要がある．すなわち，ユースケース「タクシーを呼ぶ」の入力には，これらの二つが最低限必要である．しかし，GPS が使える場合には入力が一つ減ることになり，ユースケースのフローが変わる．使える外部システムが事前にわかる

ことにより，早期にサービスのメリットを見極めることができる．特に，ユーザがコンピュータの操作に慣れていない場合は，ユーザインタフェースの画面を工夫するだけでなく，RFIDタグやバーコードリーダを使うといった入力方法の代替案を工夫する必要もある．

会議室予約システムでは，もう一つの観点，システムの外部にある実体によるサービスへのリスクという考え方を示した．会議室予約システムや図書管理システムなどは，われわれの生活空間に存在する会議室や図書に関する情報をシステムがもつことで，会議室や図書の貸出状況を記録し，利用者や管理者間で共有することを可能にする．しかし，システムの外部にあるこれらのものとシステム内のデータが整合しなくなったら困る．会議室が故障して予約日に使えなくなったり，返却すべき図書を紛失した場合などがこれに当たる．このような状況が生じた場合に，例えば，会議室の予約者に連絡し，別の会議室を予約してもらうといった対処を行う必要がある．システムがすべてを解決するわけではないが，よりよい対応をするために，システムはどのような機能をもてばよいかを検討することが重要である．実世界での作業をシステム化する際には，このことを必ず考慮する必要がある．

要求分析は難しい．そこで，このようなさまざまな観点によって自分の頭を切り替え，相補的に要求を獲得し，よりよいサービスをつくってほしい．

表3.16に今回のモデリングの観点と作業をまとめた．一度にいろいろな要求を考えるのではなく，最も基本的なことから始めて，視点を切り替えながら必要な機能を洗い出すことが大切である．

会議室予約システムは，会議室の予約情報を管理できなければ意味がないので，この基本シナリオから出発した．もう一つ大切なことは，抽出した機能は，そのシナリオを満たしているか，ステークホルダーの目標を満たしているかを定義したモデルを基に，確認することである．こうして確認することで，目標を明確化し，別のシナリオを発見することができる．

表3.16 モデリングの観点と作業のまとめ

モデリング	UML
現状の問題点を明らかにする。	
ステークホルダーとその目標を分析する。	
利用するユーザの特性や利用するハードウェアや外部システムとの関係を考慮し，目標の検討方針を決定する。	
ステークホルダーがシステムを利用して行う基本的な作業をシナリオとして定義する。	
シナリオからユースケースを抽出する。	ユースケース図
要求文やシナリオに登場する，見えているデータをクラス図でモデリングする。	クラス図
サービスに本質的に必要なデータに基づき，そのCRUDの必要性と使い方を検討し，ユースケースを抽出する。	
ユースケースを定義する。データとアクションの関係から不足がないかを確認する。	アクティビティ図・クラス図
シナリオや目標を満たしているかを定義したモデルを用いて確認し，目標を明確化する。	
システムの外部にある実体によるサービスへのリスクを分析し，ユースケースを抽出する。	ユースケース図・クラス図・アクティビティ図
シナリオや目標を満たしているかを定義したモデルを用いて確認する。	

3.4.2 長方形エディタ

小規模のアプリケーションである長方形エディタを例に，ユースケース分析のステップを説明した。

長方形エディタの要求文と，本章で定義したユースケース図，各ユースケースのアクティビティ図，クラス図を3.1節で述べたレビューポイントで確認してみよう。各アクションの系列をたどることで，長方形エディタとして，要求されていることを満たしていれば，このフローに沿ってプログラムを定義すればよい。ここでは，段階的に考えていく観点として，基本フロー，例外フロー，データの不変条件を示した。データから見ることと振舞いから見ることの双方が必要であることを学んでほしい。

設計においては，アクティビティ図のシステムパーティション内のアクショ

ンをクラスの操作として定義する．クラスは図 3.14 を拡張する．ガードの判定条件も，不変条件を判定する操作として不変条件をもつクラスに割り当てる．また，利用者やインタラクションパーティションにあるアクションは，インタフェースのアーキテクチャを決定し，言語を Java に設定して，設計を行う．本書では，使用性の観点から，ユーザパーティションとインタラクションパーティションの分析を基に，CUI と GUI での 2 通りの実装を考える．また，この際に，保守性の観点から，長方形エディタとしてのロジックが再利用できるようにクラス設計を行う．

4 設計

本章では，3章で行った要求分析で得られたモデルから，最終的なプログラムの設計図であるクラス図を作成するプロセスを，構造の設計と振舞いの設計の観点から説明する。

4.1 要求分析から設計へ

要求分析の段階において，クラス図はシステムに登場するデータの構造を表すために用いられていた。1章でも述べたように，クラスは「要求分析から実装までのモデリングの核になる構造」であり，データとデータに付随する振舞いをもつものである。これが最終的にJavaのクラス，フィールド，メソッドという構造[†]になる。

一方，ユースケースはシステムの目標を満たすべき機能として，その振舞いを定義したものである。アクティビティ図のアクションはアクター，インタラクション，システムの役割に分類されてはいたが，クラス固有のアクションではない。しかし，アクティビティ図の中でアクションは，その対象のオブジェクトノードとアクション記述の目的語によって関連づけられている。すなわち，オブジェクトノードはクラスで分類されているので，振舞いとデータは，この時点で関連づけられているわけである。

[†] ソフトウェアの話をする際に，要求分析から実装までの間にプロダクトを記述する言語が変わってくることもあり，データ，クラス，属性，フィールドという言葉や，振舞い，アクション，操作，メソッドという言葉が混在することに注意してほしい。

設計では，これらの分類・関連情報に基づき，アクティビティ図とクラス図から，ユースケースの振舞いを実現できるクラス固有の振舞いを明らかにする。

要求分析段階でつくられたクラスは，クラス間の構造的な関係を表す関連によって結び付けられている。しかし，現在の関連はクラスがたがいに知っているという関係である。振舞いと関連づける場合，必ずしも双方向に知っている必要はない。そこで，クラスの構造を振舞いにとって必要な関係になるように再検討する。

要求分析段階で得られたクラスは，ユースケースを実行するために必要なデータであり，「システムがサービスを提供するためにもつべきデータ」という観点から定義されている。このようなクラスを**エンティティクラス**と呼ぶ。

ユースケースでは，その入出力項目を明らかにして，アクティビティ図を用いて，アクターとインタラクションのパーティションに入出力に関わるアクションとデータを定義した。**図4.1**に示す流れで各データがアクションにより処理される。入力データは，エンティティデータを生成・更新する元となるデータである。その入力を受けて，ユースケースが実行される。出力データは，実行後のエンティティデータから，ユーザに見せたいように加工されたデータやメッセージなどの固定データである。これらのユーザとシステムの境界に登場するデータ構造を決める必要がある。こうしたクラスを**バウンダリクラス**と呼ぶ。図4.1において，「エンティティ」および「バウンダリ」の名前が付いた四角形のモデルを**パッケージ**と呼ぶ。クラスの集合を分類する意味でのパッケージ図のモデル要素である。

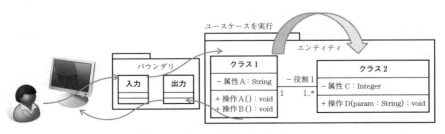

図4.1 バウンダリとエンティティ

設計では，エンティティクラスの関連の方向を限定し，バウンダリクラスを定義して，ユースケースを実行できる振舞いを各クラスに操作として割り当てる。この作業により，1章でも述べたように，要求分析から最終的な実装段階のプログラムの構造までつなげるクラス図をつくることを目標とする。

以下では，構造の設計として，クラスの関係の再検討について説明し，事例を通して，バウンダリクラスの設計を説明する。

つぎに，振舞いの設計として，クラスへの振舞いの割当て方法について説明する。また，簡単なプログラミングの演習課題をモデリングし，プログラムとの対応関係を考えてみる。

会議室予約システムの事例では，クラスの構造を振舞いにとって必要な関係になるように再検討し，クラスへの操作の割当てを改めて行うことを中心に説明する。長方形エディタの事例では，バウンダリクラスの定義と，クラスへの操作の割当てについて説明する。

4.2 構造の設計

4.2.1 クラス図とオブジェクト図による構造のモデリング

3.1.3項で説明した図書館における図書の貸出しのデータモデリングを通して，クラス図についてもう少し説明しよう。

ここでは，「利用者」クラスと「複本」クラスを結ぶ関連，<u>「利用者」が「複本」を借りる</u>という関係が関連名「借りる」と書かれていた。「利用者」と「複本」の関係は，両端の多重度を見ると，多対多の関係である。すなわち，利用者から見ると借りる本は複数あるし，「複本」から見ても借り手は複数である。

ものとものの関係は，言葉で説明してもなかなかわかりづらいかもしれないが，具体的な状況を想定してみると明確になることがある。そこで，**オブジェクト図**を使って，ものとものの関係を書いてみる。

オブジェクト図は，**図4.2**のように，オブジェクトとオブジェクト間を結ぶ

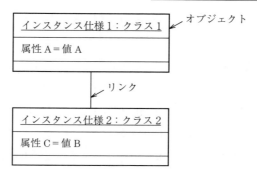

図 4.2 オブジェクト図

リンクから構成される。これは，クラスの定義に対して，生成されるオブジェクトの構成を示すものである。クラスのインスタンスに名前を付け，属性に値を入れ，具体的なインスタンスを表現する。

図書の場合のオブジェクト図は**図 4.3**のようになる。すべての属性値に値は

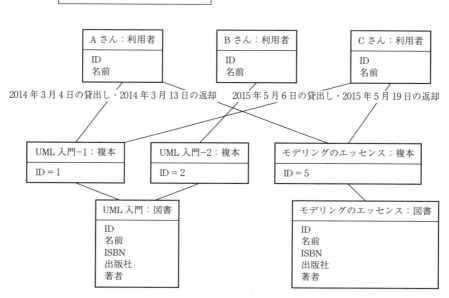

図 4.3 図書貸出しのオブジェクト図

記入されていないが，インスタンスの構成はわかるだろう。この図は，つぎのように読める。

A さんは 2014 年 3 月 4 日に UML 入門-1 を借り，2014 年 3 月 13 日に返却したことを表している。ここでは，貸出しと返却の日付をリンクの名前として記述している。すなわち，A さんと UML 入門-1 は「2014 年 3 月 4 日の貸出し—2014 年 3 月 13 日の返却」という関連で結ばれているということである。

UML 入門という図書は 2 冊の複本があり，枝番が属性 ID として付記されており，B さんも別の期間に借りていることがわかる。また，UML 入門-1 は別の期間（2015 年 5 月 6 日の貸出し—2015 年 5 月 19 日の返却）に C さんに貸し出されている。

しかし，利用者と図書の多対多の関連であることから，このようにリンクの名前で貸出状況を把握することは難しい。このような複雑な関係を扱いやすくするには，どうしたらよいだろうか。

このように関連自体がいろいろなデータや振舞いをもつ場合には，関連をクラスとして定義する**関連クラス**がある。図 4.4 の「貸出記録」が関連をクラスとして表した関連クラスである。「借りる」という関連をクラスとして，リンクの名前にあった貸出日と返却日を属性としたクラスにする。クラスにしたの

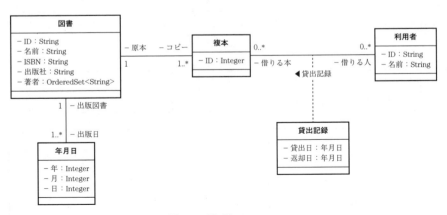

図 4.4 関連クラス

で，関連の名前も「貸出記録」となった。これで，単なる名前ではなく，貸出日や返却日を構造的に記録できるということになる。

しかし，関連クラスでは，貸出記録という利用者と複本の多対多の関連を貸出日や返却日というデータで扱えばよいということはわかるが，クラスの中でどのようにこれらのデータを扱えばよいかがわからない。このままでは実装が複雑になる。そこで，関連クラスをつぎのように設計する。

貸出記録とは，利用者がある複本を貸出日から返却日まで借りた記録である。

- 複本の実体は図書であり，他の独自の属性はもたないため，識別情報は貸出記録がもち，複本オブジェクトを削除する。
- 複本オブジェクトの削除により，図書と複本の1対多の関係は，図書の属性「総冊数」とする。
- 関連クラスがもつ年月日の属性は，「年月日」クラスとの関連で定義することで，後々，このクラスの操作を利用できる。

図4.5の右下のクラス図が，このように定義したクラス図である。「貸出記録」と「利用者」，「図書」の各クラスの関連の多重度が1になっている。貸出日と返却日は「年月日」クラスと関連をもつように設計されている。

図4.6は，関連クラスを設計後のクラス図に対応するオブジェクト図である。利用者と図書の貸出関係が，図中の点線で囲まれた「貸出記録」オブジェクト群により，管理しやすくなったことがわかる。オブジェクト図は具体的なデータの関係からクラスの関係を認識することに役立つ。

〔1〕 **誘導可能性の検討** 図4.5のように貸出記録により，図書の貸出しに必要なデータは見えてきたが，この関連はどのように実装されるのだろうか。

図4.6を見てみよう。貸出記録1のオブジェクトを見ると，Aさんが「UML入門」の複本ID1を何時から何時まで借りていたか，あるいは借りている状態かがわかる。このように，貸出記録から，利用者，図書，年月日の情報を直接的に取得することができる。

一方，利用者からのリンクを見ると，貸出記録をたどれば，Aさんは「UML入門」と「モデリングのエッセンス」を借りたことがあることがわかる。この

4. 設計

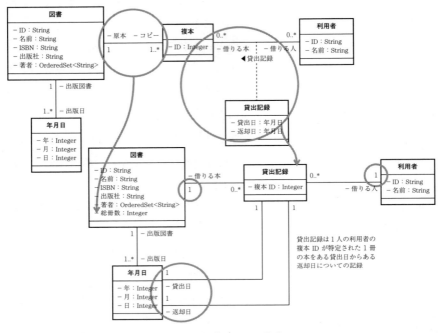

図 4.5 関連クラスの設計

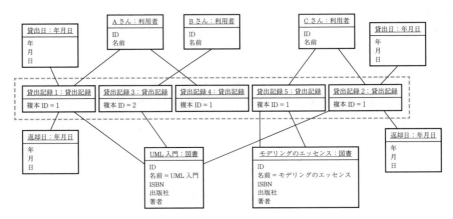

図 4.6 貸出記録をもつオブジェクト図

場合は，直接的にAさんが借りたことのある本がわかるわけではない．もし，利用者にこれまで借りた図書のすべてを直接的に保持したいとすると，Aさんの貸出しの記録そのものを利用者がもつことになる．この場合は，直接的に利用者は貸出記録を知っているということである．

このように，関連はデータの構造的な関係を示しているので，これをたどって対象システムにとって必要なデータを取得することができるが，直接的に知っているべきか否かは別の問題である．これはシステムの使い方に依存するので，ユースケース分析の観点から，その必要性を見極めるとよい．

取得できたとしても，計算コストがかかるのは，実装したときに効率が悪く，望ましいことではない．すべてに効率のよいデータモデルをつくることはできないので，まずは，理解しやすい，安定的な構造をつくることが大切である．これが，オブジェクト指向でよくいわれる，「実世界のものをモデル化する」ということである．図書の貸出しのモデルも，実際の図書カードによる管理と同じであることがわかるだろう，実世界にいる利用者と図書をつなぐ貸出カードをそのままモデル化している．

そこで，対象システムの構造において，直接的にデータを必要とする関連はどの方向であるかを定めるとよい．それが，関連の**誘導可能性**（navigability）である．関連の方向性には，単方向関連と双方向関連がある．

オブジェクトが変化すると，関連するオブジェクトも変化する．方向性がわ

コーヒーブレイク

モデルの中のインスタンス

　オブジェクト図はクラスのインスタンスの関係を表している．ユースケース記述のアクティビティ図にもオブジェクトノードが登場していた．ユースケースではアクターとシステムのやり取りをアクション系列で定義しているが，ここで登場したオブジェクトノードは，処理手順の中で使われるデータのインスタンスであったことを思い出してほしい．具体的に考えて，抽象化して再利用する．モデリングでは，この考え方が重要である．クラスとインスタンスをうまく行き来してモデリングしていこう．

かっていると，知らなくてよいオブジェクトの変化に対応する処理を実装しなくてもよい。双方向に知っている場合は，たがいに相手の変化によってどのような処理が必要になるかを検討しなければならない。

図 4.7 は，誘導可能性を決定し，図書管理に必要なデータの集合データを追加したクラス図である。

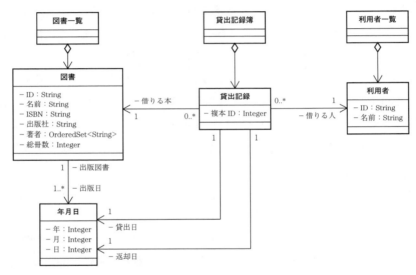

図 4.7　図書貸出しのクラス図

これまでのクラス図では関連は線分で書かれていたが，方向性を明示するために矢印で記す。ここでは，利用者，図書，貸出記録の全体をそれぞれ利用者一覧，図書一覧，貸出記録簿として集約を使って表している。

〔2〕 **属性の制約の検討**　属性は名前とその型から構成されるが，型だけでは要求は定義できていない。例えば，図 4.7 の図書貸出しのクラス図を見てみよう。**表 4.1** は，クラス図の中の値の制約がある属性についての説明である。その他の属性は，特に制約はない。

属性の型による制約および値の制約は，処理における例外の条件となる。設計時には，これらを明確にし，例外の生じないインタフェースの設計や例外処

4.2 構 造 の 設 計   95

表 4.1 属 性 の 制 約

クラス	属性	制　　約
年月日	年	過去を何年前から扱うかに依存する．貸出しの記録としては，現在年 + 1 年が扱えればよい．
	月	1～12
	日	1～31　ただし，28，29，30 までの月もある．
図書	ISBN	ISBN（international standard book number）は，世界共通で図書を認識するために記載されるコードのことであり，規則があるので，これに従う．
	ID	図書館ごとに管理方法があるので，その規則に従う．
利用者	ID	図書館独自での管理方法を定める．あるいは，例えば図書館が大学の図書館であれば，大学組織内での利用者の管理方法に準拠する場合もある．

理方法を確認する必要がある．

4.2.2 クラスと関連

　本書では，会議室予約システムのように，現行の予約システムの手続きおよび書式が定まっている場合には，書式に従ってデータモデリングを先に行った．通常は，データモデリングはいつ行えばよいだろうか．

　ユースケース分析では，システムを使用して「＊＊できる」ユースケースをアクションフローにより定義した．すなわち，できることの処理手順を見極めたわけである．このフローにおいて，オブジェクトノードにより，アクションの対象となるデータを抽出し，クラスとして定義した．会議室予約システムでは，現行の申請書からクラス図を作成し，これを利用して，どのオブジェクトノードを利用しながらアクションを行うかという観点から，ユースケースの手順を考えながら分析を行った．

　ユースケースは，「＊＊できる」ことの手順を考えるという点では，プログラムを定義するときと同じような感じがするだろう．プログラムを書いているときにも，そのプログラムが対象とするデータの構造がよくわからないで，とりあえず手続きを成り立たせようとして，その結果，データ構造が理解しにくくなったことはないだろうか．ユースケース分析の場合はどうだろうか．例えば，ユースケースの分析ごとに見えてきたデータをクラスとして定義してみる

こともできそうである．

ここで，前述の図書の貸出しについて，ユースケースからクラスを分析をした場合を考えてみる．ユースケースの概要は，下記のとおりである．

> 利用者が借りたい本をもって，窓口へ行き，図書館員がシステムを利用して貸出しを行う．このとき，利用者は個人を識別する利用者番号をもっている．

この概要に対して，**図4.8**のように貸出しのユースケースを定義した．ノートで，データに関するコメントが付けてあり，これを基にオブジェクトノードに相当するクラスを定義してみた結果が，**図4.9**である．ここでは，必要なデータ項目を列挙するという形でクラスを利用している．

利用者簿，貸出記録簿，カードは，それぞれ，利用者，貸出記録，複本のOrderedSetとなっており，各要素の重複のない順序付きの集合を表している．例えば，入力の識別番号をキーに利用者が特定できる．複本も入力の分類コード，図書コードから特定できる．

ここで注目してほしいのは，貸出しの条件である「貸出冊数」をこのユースケースでは「利用者」の属性として定義している点である．この定義により，**図4.10**に示すように，条件判定は明らかに容易であるが，「利用者の貸出冊数を更新する」というアクションがあるように，この属性値は貸出しや返却といった貸出冊数に影響があるユースケースにおいて，更新を行う必要が生じている．

図4.9では，ユースケースの処理の流れの中で登場したデータをクラスとして定義したものであることから，クラス間の関連は定義されていない．クラスの属性は「属性：型」と表され，この「型」が他のAPI（application programming interface）以外のユーザ定義のクラスの場合は，これを属性名の役割で知っているという意味になる．そこで，この情報から，方向性をもった関連で書き直すと，クラス図は**図4.11**のようになる．

このように，ユースケースの手順に着目して考えると，登場するオブジェク

4.2 構造の設計

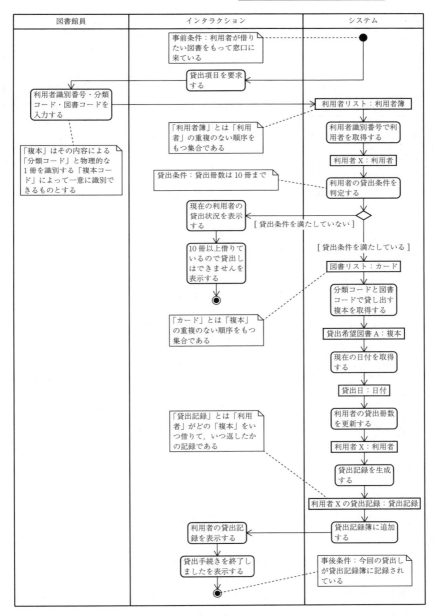

図 4.8 図書貸出しのユースケース

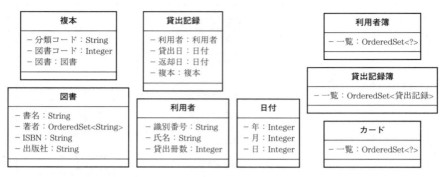

図 4.9　ユースケース分析時に定義したクラス

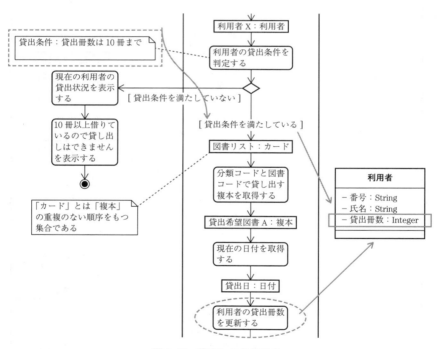

図 4.10　貸出しの条件判定

トの属性や複本と図書のモデルが変わってくる．図 4.11 のモデルだと，「図書」の情報のみを検索しようとすると，カードが複本の集合になっているため，「図書」としては重複した情報のもち方になっている．また，ある「図書」

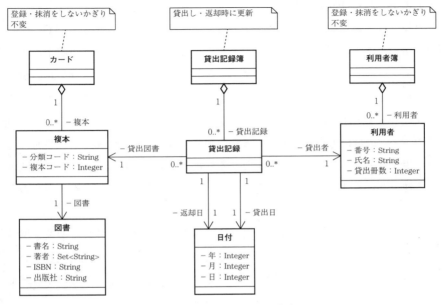

図 4.11 属性の関連への置換え

の複本の数（図 4.7 の「総冊数」）は，同じ分類コードの数を計算しなければならない。「貸出冊数」は，図 4.7 のモデルでは，貸出記録のうち当該利用者の返却日未定の貸出記録数で計算できる。これらの属性は，モデルの関連をたどることで値を計算できる属性である。これを**派生属性**と呼ぶ。派生属性は，必要になるたびに計算をする手間を省き効率的であるが，それの更新のアクションが必要になる。忘れると計算で得られる結果と矛盾することになるので気を付けよう。検索の計算コストが高い場合には，派生属性を設けるほうがよい。

　ユースケースの側面から見ると必要なデータは異なるので，そのユースケースで必要だから属性としてもつのではなく，本質的に必要かどうかのデータモデリングを行い，またその値が計算可能かどうかを考えてみる必要もある。派生属性が必要な場合は，設計において，属性，メソッドの追加を行うとよい。

4.2.3 クラス図の確認

クラス図は最終的なソフトウェアの設計図である。クラス図を使って，そのソフトウェアを説明できるとよい。クラス図の確認方法について説明する。

1) ユースケースに登場したオブジェクトノードに対応するクラスが定義されており，アクションでの処理に必要なデータが属性や関連で定義されているかを確認する。

2) 名前の付け方は，クラスの責務を理解する上で重要である。社会的に通用する名前，システムが対象とする分野でよく使われる名前，その組織で使用される呼称といった共通の認識となる名前を付けることが，多くの人が誤解せずに理解できるという意味で大切である。

　クラス図を読んでみよう。各クラスの責務を，属性，操作，関連を用いて説明できるか，すべてのクラスを用いて対象システムが説明できるか，を試してみよう。その説明が，元の要求を満たしているかを確認するとよい。

3) クラスの責務を考える際，クラスに属する属性や操作の数が妥当であるかを確認する。多すぎて複数の責務をもってはいないか，少なすぎてクラスとして存在する意味がないことはないか，を確認する。

4.3 振舞いの設計

設計段階では，アクティビティ図で分析した振舞いのモデルを満たすように，クラス固有の操作を定義する。本節では，そのために，UMLの振舞い図のうちシーケンス図とステートマシン図について説明する。シーケンス図とステートマシン図の読み方を覚え，どのように使えば役立つのかを考えよう。

4.3.1 シーケンス図の目的

図 4.12 は，**シーケンス図**を表している。シーケンス図は，一連のメッセージの時系列により，ユースケースや操作のアルゴリズムを設計するものであ

4.3 振舞いの設計　　　101

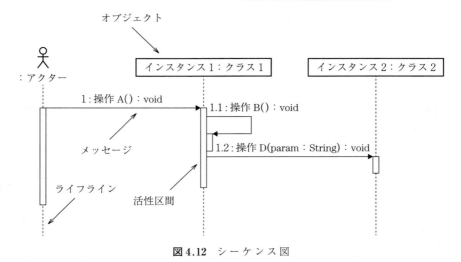

図 4.12　シーケンス図

る．以下に示す構成要素をもつ．

- オブジェクト：　メッセージ†を送る主体およびメッセージを受け取る主体であるアクターまたはクラスのインスタンス
- メッセージ：　主体から主体へのメッセージであり，矢印の上にメッセージ名を記す．メッセージは受け手のクラスの操作（メソッド）に相当する．
- ライフライン：　点線で表され，各主体の一生を表す．
- 活性区間：　白い四角形で表され，オブジェクトが活動している区間を表す．

アクティビティ図ではユースケースで達成したい振舞いをアクションの系列で表した．最終的にプログラムで実現したい振舞いを定義するという意味では同じである．しかし，最終的なプログラムは，各クラスに定義されたメソッドの呼出し系列で動作する．そこでシーケンス図の役割は，アクティビティ図で表したアクション系列をこの図に登場させ，詳細化したクラスの操作で実現で

---

† 「メッセージは A から B へと送る」という．オブジェクト指向では，メッセージを受けた B が主体的に動く．この B の振舞いを B の立場から B の操作と呼ぶ．

きるように各クラスの操作を決定することである。

アクティビティ図では，矢印により操作の手順が示されていた。シーケンス図では，上から順番にメソッドの呼出しが行われることになる。

アクティビティ図では，デシジョン，マージノードを使って，反復と分岐が定義できた。シーケンス図でも，図4.13のように，複合フラグメントを用いて反復や分岐が定義できる。

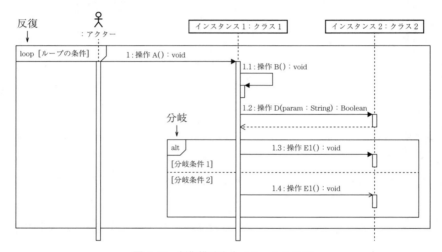

図4.13 制御構造をもつシーケンス図

シーケンス図の目的は各クラスの操作を決定することである。すなわち，要求分析で定義した振舞いを実行する仕事を各クラスに割り当てる。そこで，割当ての基準とその確認方法が必要である。次項でこれを説明する。

4.3.2 クラスへの操作の割当て

表4.2は，要求分析段階のモデルから各クラスへ操作を割り当てる考え方の基準と，確認方法を示している。①は，アクティビティ図のアクションと操作の関係である。すなわち，①は，クラスの操作としての役割を認識する段階である。つぎに，抽出した操作を②と③の観点から型や制約の詳細を決め，操作

4.3 振舞いの設計

表 4.2 操作の割当ての考え方

基　準	確認方法
① クラスの構造に沿って，アクションを操作のシーケンスに分割する。	アクティビティ図に登場するクラスから誘導可能性をもつクラスへ，振舞いの責務を分割しているかを確認する。
② シグネチャを決定する。	シーケンスの中で，操作がデータの受渡しや自己の責務を全うすることで，ユースケースが成り立つかを考える。
③ 操作の事前条件・事後条件を考える。	ユースケースの事前条件・事後条件と対比し，それらを満たせるかを確認する。

の系列として成り立つかを確認する。

まずは，①について話を始める。

4.1 節で述べたように，要求分析段階で得られたクラスは，「システムがサービスを提供するためにもつべきデータ」という観点から定義されており，これを**エンティティクラス**と呼んだ。**図 4.14** のように，アクティビティ図では，入出力データをアクションのフローに沿って処理する。アクティビティ図のアクションにアクター，インタラクション，システムの役割を与えたのと同様に，設計の段階では，クラスにバウンダリ，コントロール，エンティティの役割を与える。

アクティビティ図の四角形で囲まれている部分をバウンダリクラスとして，丸で囲まれたバウンダリとエンティティの間の処理の流れを制御するクラスをコントロールクラスとして定義する。バウンダリクラスには，アクターとインタラクションパーティションに定義されたデータおよびアクションを割り当てる。コントロールクラスには，ユースケース単位の処理の流れを制御する操作を割り当てる。

図 4.14 のアクティビティ図を，これらのクラスのメッセージシーケンスとしてシーケンス図で表してみる。これをアクティビティ図のシーケンス図へのマッピングと呼ぶ。二つの図を比べて，対応関係を見てみよう。

設計では，**図 4.15** のシーケンス図が最終的なプログラムの基本的な流れになる（もちろん，要求分析が適切ならばの話ではある）。

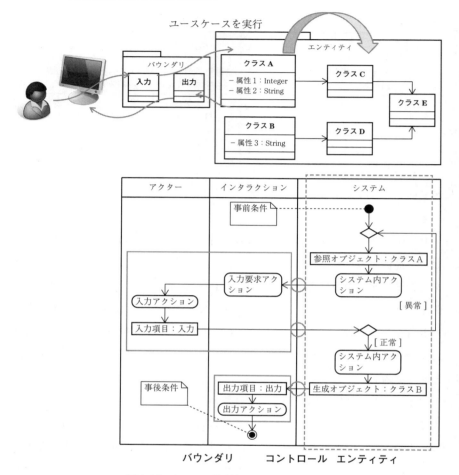

図 4.14 クラスの役割とアクションの関係

　アクティビティ図におけるアクションの役割から，クラスの役割へのマッピングを行うことで，クラスへアクションを割り当てる。シーケンス図のオブジェクト「ユースケースの実行：コントロール」のライフラインを見ると，他のオブジェクトへメッセージを出すことで，このユースケースの流れを制御していることがわかる。ここでは，全体をまとめる意味での操作「ユースケースの開始」が追加されている。

4.3 振舞いの設計

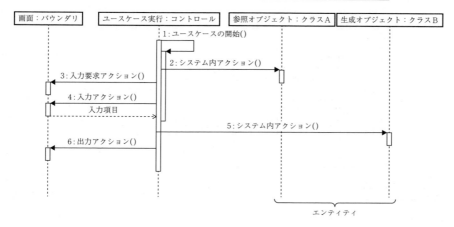

図 4.15 シーケンス図へのマッピング

　図 4.14 の上部にあるエンティティのクラスの関連を見てみよう。シーケンス図に登場するクラス A やクラス B は他のクラスと関連をもっている。関連をもっているということは，クラス A の操作を行うのに，関連するクラスのデータが必要であるということである。オブジェクト指向では，クラスのデータに関する操作はそのクラスが責任をもつことが重要である。そこで，クラス A の操作やクラス B の操作は，この関連をたどって，他のクラスの操作の呼出しに詳細化する。このとき，各クラスの役割の範囲で操作を決定していくことが，クラスの責務の範囲を守るという意味で重要である。

　図 4.16 は，クラス A の操作とクラス B の操作を関連するクラスの操作に分割したシーケンス図である。シーケンス図内の二つの四角形で囲まれた部分が，分割されたメッセージのシーケンスを表している。

　この結果，図 4.16 の下部のように，クラスに操作が割り振られる。しかし，この段階では操作の名前とそのクラスが行うべき操作であるということはわかっているが，シグネチャは決定していない。

　つぎに，表 4.2 の②と③について説明する。上記のマッピングで，各クラスにどのような操作が必要であるかはわかったが，このシーケンスで本当にユースケースが実行できるかはまだわからない。そこで，ユースケースの事前条

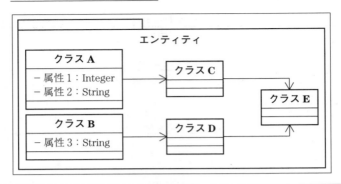

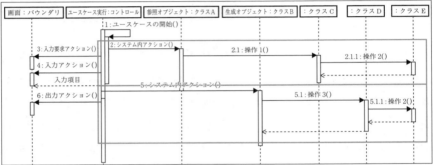

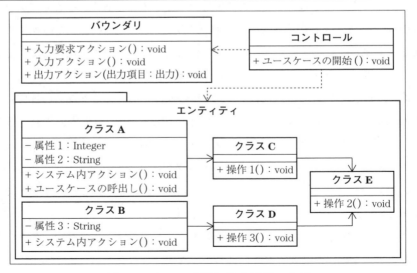

図 4.16 クラスの関連に基づく操作の分割

件・事後条件を考慮して，操作の**シグネチャ**を決定する。

操作は下記の形式で定義する。

> *type method(args...)*{body}

操作のシグネチャとは，定義本体を除いた操作の構成要素，すなわち操作の名前（*method*），戻り値の型（*type*），引数（*args*）である。

定義本体は，このメソッドの処理手順を定義するものである。シグネチャを決めるとは，まずは名前と，なにを入力として，なにを出力とするかを決めるということである。

名前は，操作の概要を適確に表すものである必要があるが，その入力と出力の型を限定することで，操作を明確にできる。しかし，つぎの理由から，形式だけでは限定としては不十分である。

void method( )というシグネチャの操作を考えてみよう。これは，引数がなし，戻り値の型がvoidということはなにも値を返さない操作である，ということである。オブジェクト指向では，操作は，単に入力から出力を得る手段ではなく，**どのオブジェクトにおいて，そのオブジェクトのもつ値を利用して，なにをするかを決定している**ものである。そこで，操作をクラスに割り当てる際に，その操作を行うために必要な値はそのクラスのオブジェクトが属性としてもっていて操作の結果はそのクラスのオブジェクトの属性を更新すればよいのか，あるいは値を返すことでその操作を行うのか，を決めていくわけである。

シグネチャがvoid method( )となるには，この操作をもつクラスの属性を使って，methodで表される計算を行った結果がクラスの属性に反映することを確認できればよい。

しかし，「methodで表される計算」の意味は，この名前だけでは不十分である。ユースケースにおいても，事前条件，事後条件を明らかにした。処理手順を行う前提は，処理の責任範囲を決定する意味で重要である。

簡単なプログラムを使って，処理の責任範囲というものを考えてみよう。

例えば，1 から 100 までの総和を求めるプログラムを**リスト 4.1** のように定義した。ここで，実行結果として，1 から 100 までの総和に加えて，1 から 1 000 までの総和と 150 から 100 までの総和も表示するようにプログラムを修正することを考えてみる。

リスト 4.1 1 から 100 までの総和を求めるプログラム

```
1   class Main{
2       int sum(int s,int e){
3           int value = 0;
4           for(int i = s; i <=e; i++){
5               value = value + i;
6           }
7           return value;
8       }
9       public static void main(String[] args){
10          Main obj = new Main();
11          System.out.println("1 から 100 までの和 = " + obj.sum(1,100));
12      }
13  }
```

計算とその結果の表示は 11 行目に書かれている。

```
11          System.out.println("1 から 100 までの和 = " + obj.sum(1,100));
```

ここで，1 から 1 000 までの総和と 150 から 100 までの総和の計算とその表示はどのように行えばよいだろうか？

メソッド sum を見てみよう。シグネチャは int sum(int s,int e) である。シグネチャから読み取れることは，つぎのようなことである。

「二つの整数の引数をとり，sum なので，その総和を計算して返すメソッドである。引数の変数が s と e になっているので，おそらく和の範囲の start と end ではないか。」

「おそらく和の範囲の start と end ではないか。」のとおり，定義本体を見ると，4 行目から 6 行目のように，二つの引数の大小関係が想定された式になっている。

そこで，1 から 1 000 までの総和を求めて表示するには，下記のとおり，11

行目と同じようにすればよい．

```
System.out.println("1 から 1000 までの和 = " + obj.sum(1,1000));
```

しかし，150 から 100 までの総和を求めて表示するには

```
System.out.println("150 から 100 までの和 = " + obj.sum(100,150));
```

とするか，sum の事前条件をチェックするように変更する必要がある．このプログラムは，引数の値がわかっており，書き手が，sum の事前条件を知っているので，このような書き方ができる．しかし，別の計算の途中で利用する場合には，どのような値がくるかがわからないので，つぎのどちらかの対処が必要である．

1) sum を利用するときに，二つの値の大小関係をチェックし，引数に渡す．
2) sum を書き換えて，二つの引数のチェックを定義本体で行う．

すなわち，事前条件があるということは，その責任は操作の内部では行わないので，1)のように，利用者側がチェックしなければならないということである．

リスト 4.2 は，コマンドライン引数から二つの整数を入力できるようにプログラムを拡張し，sum の事前条件はそのままにして，利用する側で値の大小をチェックしているプログラムである．11 行目から 21 行目の try catch 構文は Java の例外処理機構である．コマンドライン引数を整数値として解釈する Integer クラスの parseInt というメソッドを 12 行目と 13 行目で使用している．整数値として解釈できない場合には，このメソッドが例外 Number FormatException を投げるので，これに対処している．

2)のように，sum の内部でチェックを行うと，**リスト 4.3** のようになる．

リスト 4.2 事前条件のチェックを利用する側で行う場合

```
1   class Main{
2       int sum(int s,int e){
3           int value = 0;
4           for(int i = s; i <=e; i++){
```

```
5                          value = value + i;
6                      }
7                      return value;
8              }
9              public static void main(String[] args){
10                 Main obj = new Main();
11                 try{
12                  int n = Integer.parseInt(args[0]);
13                  int m = Integer.parseInt(args[1]);
14                  if (n <= m){
15                         System.out.println(n + " から " + m + " までの和 = " + obj.sum(n,m));
16                     } else {
17                         System.out.println(n + " から " + m + " までの和 = " + obj.sum(m,n));
18                     }
19                 } catch (NumberFormatException e){
20                     System.out.println(" 入力値が整数ではありません。");
21                 }
22             }
23     }
```

リスト 4.3　内部でチェックを行う場合

```
1      class Main{
2          int sum(int s,int e){
3                  int value = 0;
4                  if (s <= e){
5
6                          for(int i = s; i <=e; i++){
7                                  value = value + i;
8                          }
9                  } else {
10                         for(int i = e; i <=s; i++){
11                                 value = value + i;
12                         }
13                 }
14                 return value;
15         }
16         public static void main(String[] args){
17                 Main obj = new Main();
18                 try{
19                  int n = Integer.parseInt(args[0]);
20                  int m = Integer.parseInt(args[1]);
21                  System.out.println(n + " から " + m + " までの和 = " + obj.sum(n,m));
22                 } catch (NumberFormatException e){
23                         System.out.println(" 入力値が整数ではありません。");
```

```
24          }
25        }
26    }
```

　この例は，簡単なプログラミングの例であり，少しずつ要求が変わってきて，プログラムを修正するようになっている。こうしたスクラッチ的なつくり方はよくあるが，要求が増えるにつれて，対処すべき例外が増えてくる。そのため，例外処理も場当り的になりがちである。それでは，この問題に，要求分析で行ってきたことを当てはめてみるとどうなるのだろう。図 4.17 はユースケース「整数の総和を計算する」のアクティビティ図である。

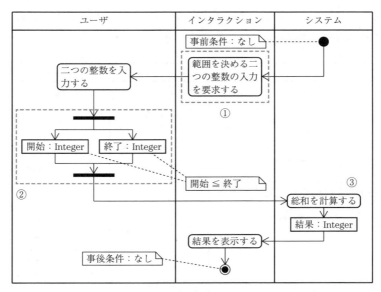

図 4.17　数の「総和を計算する」アクションの事前条件

　要求分析を行う際には，まず，目的がなんであるかを考えた。このユースケースは「範囲（開始と終了）にある整数を順次足し込んだ総和を計算する」ことである。すなわち「範囲」の概念が初めからある。そこで，①で要求する値も範囲の開始の整数と範囲の終了の整数であり，「開始の整数 ≦ 終了の整数」が前提となると考えられる。②から値は整数であることはわかるが，「開

始の整数 ≦ 終了の整数」についてはノートに書かれており，モデル要素には書かれていない。②が③のアクション「総和を計算する」の入力であり，出力がオブジェクトノード「結果」である。

　すなわち，アクション「総和を計算する」の事前条件は，二つの入力開始と終了は整数であり，かつ，開始 ≦ 終了が成り立つ，ということである。**図4.18** の点線の四角形が，この事前条件の下での計算の役割を担うクラス Sum である。事後条件は，計算結果が得られるということになる。入力処理から総和計算の呼出し，結果の出力などその他の部分は Main クラスの main メソッドが行うことにする。さて，「総和を計算する」の事前条件をどこで満たすかを考える。まず，二つの整数が入力されなければならない。それが満たされれば，小さいほうを開始に，大きいほうを終了にすればよい。

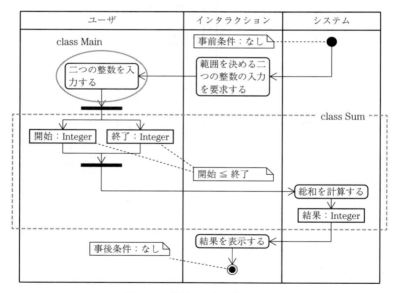

図 4.18　役割の分担と事前条件

　そこで，丸で示されたアクションの部分において，二つの整数が入力されていない場合の例外処理を行うことにする。条件は，「入力が二つある && 二つの入力が共に整数である」ということである。

4.3 振舞いの設計

このような役割分担を行って定義したプログラムが，**リスト 4.4** である．入力の条件「入力が二つある && 二つの入力が共に整数である」は，前者が 3 行目で，後者が，前に述べたように try catch 構文で対処している．10 行目は，結果の表示であるが，Sum のオブジェクトの文字列化メソッド toString を使って，表示形式と表示方法を分離している．アクティビティ図との対応を確認してみよう．

リスト 4.4 アクティビティ図による分析から作成したプログラム

```
1   class Main{
2       public static void main(String[] args){
3           if (args.length < 2){
4               System.out.println(" 総和を計算する範囲の開始と終了になる二つの整数を入力してください．");
5           } else {
6                   try{
7                       int n = Integer.parseInt(args[0]);
8                       int m = Integer.parseInt(args[1]);
9                       Sum obj = new Sum(n,m);
10                      System.out.println(obj);
11                  } catch (NumberFormatException e){
12                          System.out.println(" 入力値が整数ではありません．");
13                  }
14          }
15      }
16  }
17
18  class Sum{
19      int start;
20      int end;
21      Sum(int n,int m){
22              if (n <= m){
23                      this.start = n;
24                      this.end =m;
25              } else {
26                      this.start = m;
27                      this.end = n;
28              }
29      }
30      int sum(){
31              int value = 0;
32              for(int i = this.start; i <= this.end; i++){
```

```
33                            value = value + i;
34                        }
35                        return value;
36      }
37      public String toString(){
38          return (this.start + " から " + this.end + " までの和 = " + this.sum());
39      }
40  }
```

クラス Sum は,「総和を計算する」の事前条件である「開始 ≦ 終了」を満たすように,21～29 行目のコンストラクタで二つの整数の大小のチェックを行っている。これにより,30～36 行目のメソッド sum は,チェックを行う必要がなくなった。さらに,sum が計算対象とする入力はクラスの属性としてもつことにしたため,メソッドの引数はなくなっている。

さて,この事例で,どんなことがわかっただろうか? 振舞いは,どこで使われるかによって,その処理内容が異なる。使い方を分析しておくと,操作の責任の範囲が明確になる。逆に,使い方を想定できていないと,場当り的に対処して,わかりにくいプログラムになってしまうことが多い。要求分析は大切である…。

しかし分析により,アクションが必要な入力から期待される出力をする振舞いであることがわかったとしても,これをあるクラスの操作として考えるときには,入力値のみならずその事前条件を考慮しなければならない。シグネチャを決定するとは,この条件と併せて考えるということである。クラスは,その操作により自分の属性の読み書きが可能である。しかし,クラスの属性のデータだけでは操作が十分に行えないならば,呼出し時に,引数として必要なデータを与えなければならない。シグネチャは,そのように考えながら決定する。

以上のとおり,要求分析では,ユースケースの事前条件,事後条件を考えた。ユースケースの事前条件は,ユースケースを構成しているアクションにかかってくる。また,各アクションの達成したことから,ユースケースの事後条件が成立することになる。

4.3.3 シーケンス図の確認

モデルは分析をするときの道具であり，考えをまとめ，誤りを発見するのに役立つ．しかし，文章と同じで，書いたのもを読み直して推敲することが重要である．ここでは，シーケンス図の分析の確認方法について説明する．

シーケンス図は，ユースケース単位に定義するので，アクティビティ図と1対1に対応する．そこで，アクティビティ図の要件を満たすかを，つぎのように確認する．

- アクションに対応する操作がシーケンス図にあるか？ その操作からクラスの構造に従って，操作が分割されているか？
- アクティビティ図に登場したオブジェクトはシーケンス図にあるか？

各メッセージが送信先のオブジェクトと送信元のオブジェクトの知っている情報でその名前の操作を実行できるかを確認する．

図 4.13 において，操作 D は送信先の「インスタンス 2」における操作であるから，クラス 2 の情報を用いて，その名前で表されている振舞いを実行できる必要がある．送信元の「インスタンス 1」が「引数」param を与えてメッセージ送信を行っているならば，この引数を「インスタンス 1」が知っている必要がある．すなわち，この時点までで，その値が得られているということである．

操作の戻り値の型が void 以外の場合，なんらかの戻り値がある．操作 D は戻り値の型が Boolean であり真偽値を返すため，点線の矢印でこれを示している．戻り値の型が void であり引数がない操作は，その操作をもつクラスの属性値を用いてなんらかの計算を行い，クラスの属性を更新するような操作であるか，画面表示などの副作用を行う操作である．行いたい処理と合致しているかを確認する．

シーケンス図におけるメッセージは，その送信先クラスの操作である．すなわち，送信先のクラスの操作としてクラス図に登場している．UML モデリングツールは，クラスに割り当てた操作を使ってシーケンス図を定義することや，逆にシーケンス図を定義する際にメッセージを決めて，それを操作としてクラスに割り当てることをサポートしている．そこで，この機能を使って，

メッセージとクラスの操作の間の整合性を確保することができる。

シーケンス図を書いたら，つぎのことをチェックしよう。これにより，メッセージが必要なデータの受渡しを行って，ユースケースを実現できているかを確認できるとよい。

---

1. メッセージはユースケースのフローの順序で上から下に書かれているか？
2. メッセージは矢印の先のオブジェクトのクラスの操作か？
3. アクターに向かっているメッセージはないか？ アクターはシステムではないので操作はもたない。
4. メッセージのパラメータ（引数）は発信元のオブジェクトが知っているか？ その時点までに，どこから得られているか？
5. メッセージはパラメータと矢印の先のオブジェクトが知っているデータ（属性）でその処理を行えるか？

4.3.4 ステートマシン図の目的

ステートマシン図は，一つのオブジェクトに着目し，その状態遷移を定義するモデルである。ステートマシン図は**図 4.19**に示す構成要素をもっている。各要素について説明する。

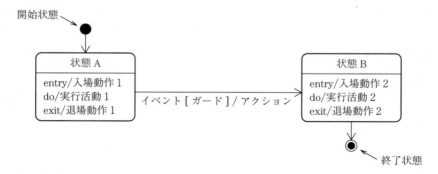

図 4.19 ステートマシン図

- 状態（state）は，オブジェクトが対象システムの中で取り得る一つの状況，段階である。これは，オブジェクトの属性値の範囲や他のオブジェクトとの関連の有無の組合せにより決まる。開始・終了状態は図のような記号で表す。
- イベント（event）は，状態が遷移するきっかけとなる振舞いである。
- 状態遷移（translation）は，ある状態からある状態への移行であり，状態を結ぶ矢印で表される。矢印上に，イベントが生じたときにガードを満たせばアクションを行って，つぎの状態へ遷移する。
- アクション（action）は，遷移に付随する操作である。短時間で実行され，割込み不可のプロセスと考える。
- アクティビティ（activity）は状態において実行される操作であり，実行時間は長くなり得る。割込みをかけることが可能である。
- ガード（guard）は真または偽を表す論理的な条件である。
- 遷移ラベルは，イベントが発生し，ガードの条件が真であるときにアクションを実行して遷移すると読む。
- 状態内の do/アクティビティは，その状態で実行し続けるアクティビティである。entry/アクションは，その状態に入ったときに実行するアクションである。exit/アクションは，その状態から出るときに実行するアクションである。

ユースケースを定義するにしろシーケンス図を定義するにしろ，どちらの場合もシステムの振舞いの手順に着目してきた。ステートマシン図は，これとは異なる観点でシステムをとらえる。

オブジェクト指向のプログラムは，起動してからメソッドの呼出し系列で振舞いが決定しているが，見方を変えると，起動してから生成されたオブジェクト群が，その状態を変化させることでなんらかの結果をもたらしている。

例えば長方形エディタでは，ボードに長方形がない状態で「作成する」を行うと，長方形が一つある状態になる。長方形がない状態では「移動する」などのユースケースは使えない。「作成する」では長方形が一つ増え，「削除する」

では一つ減る。「移動する」では，ボード上の長方形の数という意味では状態の変化はない。このように，システムを別の観点でみると，「移動する」の事前条件に「長方形が一つ以上あること」を忘れていなかったかを確認できる。

本書で事例とした会議室予約システムや長方形エディタについては，分析結果を確認する意味で一度試してみるとよい。

組込みシステムでは，センサやアクチュエータなどのハードウェアを制御するため，システムの取り得る状態からシステムの要求をモデル化するほうが容易である。例えば，エレベータを考えてみる。日常よく使っているエレベータシステムは，エレベータがフロアやエレベータ内のボタンからのリクエストにより移動するものである。そこで，この状態は，図 4.20 のようにステートマシン図で定義することができる。

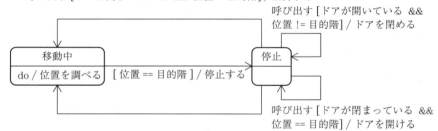

図 4.20　ステートマシン図

重要なことは，そのオブジェクトが対象システム内で取り得るすべての状態を認識することである。各状態が，システム上で認識できる意味のあるものかを考える。

状態を認識できたならば，すべての状態に対して，各状態におけるアクティビティは適切か，状態が遷移するイベントは適切か，遷移に付随する操作であるアクションは適切か，遷移における条件であるガードは適切かを確認する。アクティビティ，イベント，アクションは，クラス図にすでに定義されているはずである。

4.4 モデルからプログラムへのトレーサビリティ

本節では，プログラムの構造と設計図の関係を，普通なら設計図を書かないようなプログラミングの課題に当てはめ，モデルとプログラムの**トレーサビリティ**を見てみることにしよう。トレーサビリティとは広い分野で使われる語であり，ものが変遷していく過程で，その変遷を後からでも追跡できることである。

表4.2①で述べた操作の割当ての考え方の一つである「クラスの構造に沿って，アクションを操作のシーケンスに分割する」ことが，オブジェクト指向におけるクラスの責務を考えることであることを確認する。

クラス図は最終的なプログラムの構造を決めているので，こうした設計がプログラムコードとどのように対応しているかを，簡単なプログラミングの課題を例にとって考えていくのは有意義であろう。つぎの問題を考えてみる。

> **問題A**：「線分」は二つの端点で定義される。点はx座標とy座標によって構成されるので，以下に示す座標の変換規則により，線分を線形変換して新たな線分を生成するメソッド linearTransfer を定義する。下記のように与えられた線分と変換後の線分を画面表示する main メソッドをもつクラス Main を定義しなさい。
>
> $$\begin{pmatrix} x' \\ y' \end{pmatrix} = \begin{pmatrix} 6 & 4 \\ -2 & 1 \end{pmatrix} \begin{pmatrix} x \\ y \end{pmatrix}$$
>
> ```
> >java Main
> Input LineSegment : (5.0, 10.0)-->(10.0, 20.0)
>  => LineSegment after linearTransfer : (70.0, 0.0)-->(140.0, 0.0)
> ```

この問題のプログラムを書いて動かしてみよう。この程度の問題であれば，設計なんてと思うかもしれない。プログラムができたら，本書のこれ以降の内容を読んで自分のプログラムと比べてみるとよい。

それでは，モデルを使ってこの問題を考えてみる．下記の網掛けの部分に注目すると，クラスの候補，クラスの属性，クラスの関連が読み取れるので，図 4.21 の右側のようにクラス図が書ける．線分を扱うプログラムなので，線分が「端点 1」，「端点 2」として一つずつ点を知っていればよく，このように誘導可能性を決定している．

> 「線分」は二つの端点で定義される．点は x 座標と y 座標によって構成される．

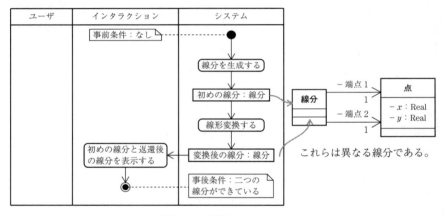

図 4.21　問題 A のモデル

また，この問題を一つのユースケースとして考えると，以下の文章から，下線を引いた三つのアクションによるユースケースのフローが，図 4.21 のアクティビティ図で書ける．二重下線は線分の生成アクションを表す．ここではユーザの入力を必要としていないので，アクターであるユーザのパーティションにはアクションがない．

> 座標の変換規則により，線分を線形変換して新たな線分を生成するメソッド linearTransfer を定義する．
> 与えられた線分と変換後の線分を画面表示する．

4.4 モデルからプログラムへのトレーサビリティ

この三つのアクションを定義する．どのクラスのメソッドとして定義するかを，このクラス図で決めることができる．アクティビティ図からわかることは，線分のアクションとして「線分を生成する」，「線形変換する」ことが必要であり，インタラクションとして「結果を表示する」メソッドが必要であることである．これらを呼び出すクラスを問題文にあるように Main とする．三つのアクションは下記のように Main と線分クラスに割り当てる．

「線分を生成する」 ⇒ 線分のコンストラクタ

「線形変換する」 ⇒ 線分の linearTransfer

「結果を表示する」 ⇒ Main の結果を表示する

メソッドを決めるということは，クラスの構造に沿ってこのアクションを分割し，それぞれのクラスが自分の仕事ができるように，そのシグネチャを決定することである．

メソッド linearTransfer はどのようなシグネチャをもてばよいだろうか？ 問題文の中で四角形で囲まれているように，linearTransfer は新たな線分を生成するメソッドである．すなわち，変換対象の線分オブジェクトが，更新されるのではなく別につくられるということである．これは事後条件にも書いてある．このことから，linearTransfer の戻り値の型は「線分」となる．

線分は二つの端点で構成されていることと，問題文にあるように線形変換は点の線形変換規則として与えられていることに注意しよう．すなわち，線分のメソッド「線形変換する」はその二つの端点を「線形変換する」ことで成り立つので，点のクラスにも「点」を戻り値の型とするメソッド linearTransfer を用意することにする．メソッドを割り振った結果のクラス図は，**図 4.22** のとおりである．

4.3 節で説明したように，アクティビティ図をシーケンス図にマッピングする．ここでは，ユーザのアクションがないので，バウンダリとコントロールクラスは一つの Main クラスとした．上記の linearTransfer の解釈を入れて，アクティビティ図の流れから，メソッドの呼出しシーケンスを分析した結果が，**図 4.23** のシーケンス図である．

122　　4. 設　　　　計

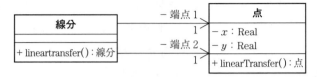

図 4.22　問題 A のクラスへのメソッドの割当て

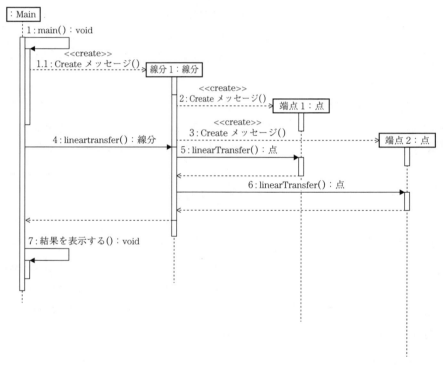

図 4.23　問題 A のシーケンス図

　つぎの**図 4.24**を見てほしい。アクティビティ図で抽出した三つのアクションは，図のとおり各クラスのメソッドの呼出しシーケンスに対応している。アクティビティ図では明らかでなかったクラス固有のメソッドが，前述のように

4.4 モデルからプログラムへのトレーサビリティ

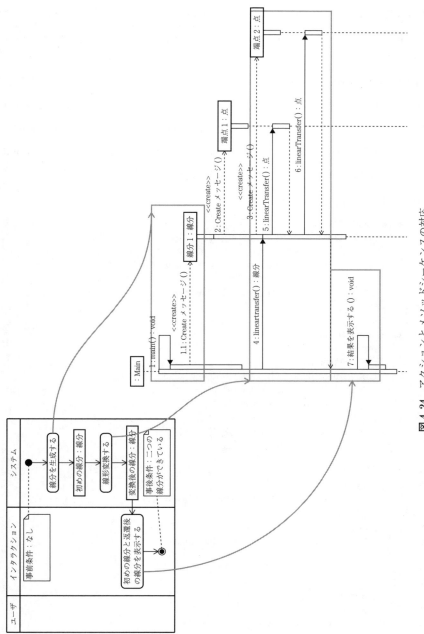

図 4.24 アクションとメソッドシーケンスの対応

クラス構造に従って決められていることがわかる。マッピングした後に，クラスの構造に従うことで，要求分析から設計へのトレーサビリティを確保することができる。

図 4.23 の Create メッセージはクラスのコンストラクタとして実装する。「線分」および「点」クラスで定義する。**リスト 4.5** の LineSegment と Point クラスのコンストラクタを見てほしい。LineSegment クラスの linearTransfer は，シーケンス図のとおり，各端点の linearTransfer を呼び出している。Point クラスの linearTransfer は問題文にある変換規則を実装している。

リスト 4.5　問題 A のプログラム

```
1    class Main{
2        public static void main(String[] args){
3            LineSegment beforeLine = new LineSegment(5,10,10,20);
4            LineSegment afterLine = beforeLine.linearTransfer();
5            System.out.println("Input LineSegment : " + beforeLine +
6            "\n => LineSegment after linearTransfer : " + afterLine);
7        }
8    }
9    class LineSegment{
10       private Point p1;
11       private Point p2;
12       LineSegment(double x1, double y1,double x2, double y2){
13           this.p1 = new Point(x1,y1);
14           this.p2 = new Point(x2,y2);
15       }
16       LineSegment(Point p1, Point p2){
17           this.p1 = p1;
18           this.p2 = p2;
19       }
20       LineSegment linearTransfer(){
21           return new LineSegment(p1.linearTransfer(),p2.linearTransfer());
22       }
23       public String toString(){
24           return (this.p1 + "-->" + this.p2);
25       }
26   }
27   class Point{
28       private double x;
29       private double y;
30       Point(double x, double y){
```

4.4 モデルからプログラムへのトレーサビリティ

```
31              this.x = x;
32              this.y = y;
33          }
34          Point linearTransfer(){
35              double x0 = 6*this.x + 4* this.y;
36              double y0 = (-2) * this.x + 1* this.y;
37              return new Point(x0,y0);
38          }
39          public String toString(){
40              return ("(" + this.x + "," + this.y + ")");
41          }
42      }
```

「結果を表示する」メソッドは，なにをすればよいだろうか？ 問題にあるとおりの文字列を標準出力に出力する。これはオブジェクトを文字列化したものを標準出力へ出力することであり，シーケンス図で表すと，**図 4.25** のようになる。プログラムでは「結果を表示する」というメソッドは作成せずに，Java API のメソッドを直接呼び出している。アクティビティ図のアクションは，最

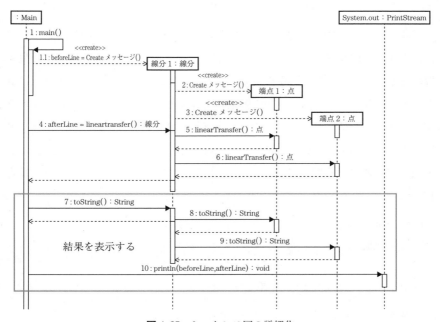

図 4.25 シーケンス図の詳細化

終的に対象システムのクラスのメソッドに対応するか，使用する言語の API のクラスのメソッドに対応していることがわかる。**図 4.26** がメソッドを割り当てた後のクラス図である。図 4.25 の詳細化したシーケンス図では，1.1 や 4 のメッセージの戻り値の変数 beforeLine と afterLine を設定しており，これを 10 のメッセージで引数にしているといった関係も定義している。プログラム内での変数による値の受渡しを確認することができる。

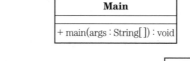

図 4.26 メソッドを割り当てたクラス図

図 4.26 のクラス図に定義された情報は，**リスト 4.6** の Java のソースコードに対応する。UML モデリングツールでは，こうしたスケルトンコード[†]の生成機能をもつので，クラス図から生成してみるとよい。もちろん，メソッドはシグネチャのみであるが，クラスの関連の誘導可能性に従って，そのロール名をフィールドとして保有していることに注意してほしい。クラス内のフィールドは，クラス図の中に定義した属性のみではなく，「線分」が端点 1 として「点」を知っているという関連により，「線分」クラスは 6 行目のように「点 端点 1」というフィールドをもつことと同じなのである。

リスト 4.6 図 4.26 のクラス図から生成されるスケルトンコード

```
1    public class Main {
```

[†] クラス図の定義から導ける言語のクラス要素をソースコードとして生成する。メソッドのシグネチャはクラス図からわかるが，定義本体はわからないので，このコードを骨組みという意味でスケルトンコードと呼ぶ。設計図からソースコードを書くときに役立つ。

4.4 モデルからプログラムへのトレーサビリティ

```
2          public static void main(String[] args) {
3          }
4   }
5   public class 線分 {
6          private 点 端点 2;
7          private 点 端点 1;
8          public 線分 lineartransfer() {
9                  return null;
10         }
11         public String toString() {
12                 return null;
13         }
14  }
15  public class 点 {
16         private Real x;
17         private Real y;
18         public 点 linearTransfer() {
19                 return null;
20         }
21         public String toString() {
22                 return null;
23         }
24  }
```

一方，**図 4.27** はリスト 4.5 のソースコードをリバースして生成したクラス図である。設計したクラス図との違いは，クラス名が英語化されている，コンストラクタが記述されている，型が Java の型を使用している，ことである。この違いが，モデルから，最終的なプログラムをつくる際に行わなければならない作業である。

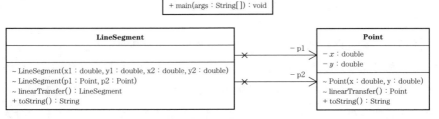

図 4.27 ソースコードからのリバース

コンストラクタは，インスタンスの生成方法であるから，必要なパターンを定義する。3行目では2組の点の座標の値からLineSegmentインスタンスを生成しているが，21行目のLineSegmentのメソッドでは，二つのPointインスタンスから生成していることから，2種類のコンストラクタを定義している。

4.5 会議室予約システムの構造と振舞いの設計

会議室予約システムの事例における，クラスへの振舞いの割当てについて，説明する。

会議室予約システムの図3.5と図3.6のユースケースのアクティビティ図から図3.9のクラス図を基に，シーケンス図を書いてみる。

図4.28の上部が図3.5のユースケース「予約する」のアクティビティ図をマッピングしたシーケンス図である。図の右下がクラス図の一部である。このユースケースでは予約を生成することが目的である。入力項目は，左下に書かれた項目であり，クラス図と対比してみる。

「予約」クラスの属性「学事課の確認」は，管理者の仕事なので予約時には未定義であり，「特記事項」も空の状態である。その他の属性は，入力項目で充足できる。「予約」からの関連を見ると，「使用会議室：会議室」，「使用責任者：利用者」，「申請者：利用者」は入力項目および事前条件より充足できる。そこで，丸印の付いている「予約を生成する」の操作には，開始日，終了日，申請日の日付の生成操作が不足していることがわかる。確認日は管理者の確認なので，予約の段階では空である。これらの操作を追加したのが，**図4.29**である。

もう一つの丸印が付いている操作「予約可能かを判定する」について考える。予約可能の条件は，同じ会議室に対して，重複する時間に予約が入っていないことと，予約する会議室が故障中でないことである。これは，**図4.30**に示す予約台帳から，条件に合致する予約がないことを検索し，その予約の会議室が申請日時に故障オブジェクトをもっていないことを確認することである。

4.5 会議室予約システムの構造と振舞いの設計

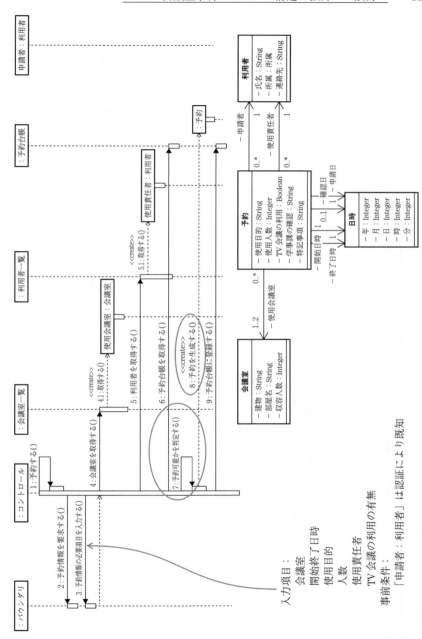

図 4.28 シーケンス図と，操作の詳細化の検討

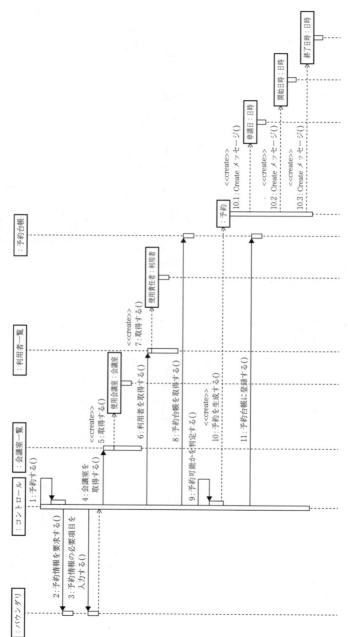

図 4.29 シーケンス図へのマッピング(予約する)

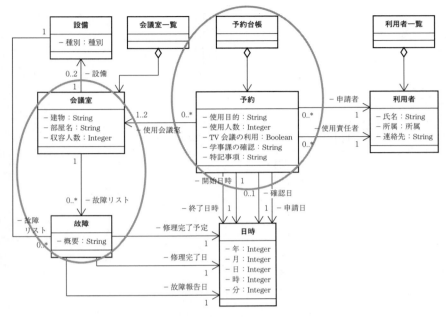

図 4.30 検索対象のデータ

図 4.31 は，図 3.6 のユースケース「予約内容をチェックする」のアクティビティ図をマッピングしたシーケンス図である．「予約」の属性「学事課の確認」を，管理者の入力に応じて更新している．

「予約内容をチェックする」において，5「確認する」と 6「連絡が必要な予約一覧を取得する」は，メッセージの送信先が「要確認予約一覧：OrderedSet<予約>」となっている．このオブジェクトは予約オブジェクトの重複のない順序付きの集合であり，クラスのインスタンスではない．これは 2「未確認の予約一覧を取得する」という「予約台帳」の操作により生成されたものである．そこで，つぎのように操作のクラスへの割当てを考える．

- 5「確認する」は，シーケンス図にあるように，「予約」の操作 5.1「確認を更新する」を繰り返し呼ぶ振舞いを示している．ここでは，操作とはしない．
- 6「連絡が必要な予約一覧を取得する」は，「要確認予約一覧：

132　4. 設　　　　計

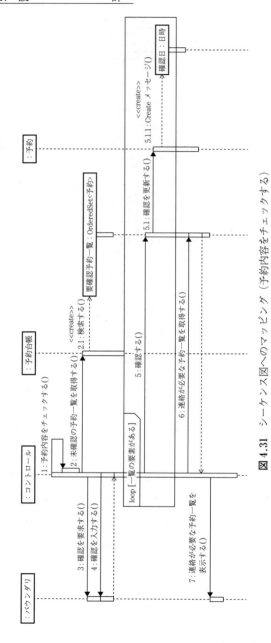

図 4.31　シーケンス図へのマッピング（予約内容をチェックする）

OrderedSet<予約>」の結果から予約の集合を絞り込む操作であることから，「予約台帳」の操作とすることにする．

この結果，各クラスには**図 4.32** のように操作が割り当てられる．各クラスの責務を考えながら，操作が妥当であるかを考えてみよう．さらに，各操作のシグネチャを考察する．

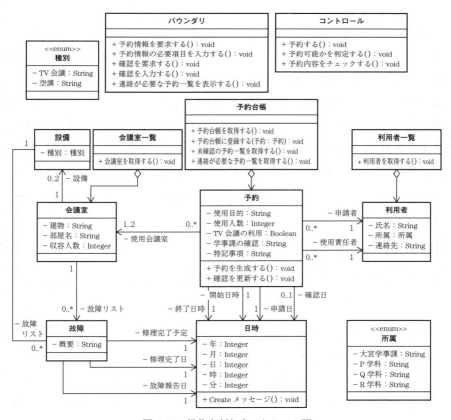

図 4.32 操作を割り当てたクラス図

操作「予約可能かを判定する」はコントロールクラスにあるが，ここでよいだろうか？ 判定は，条件の予約オブジェクトが行う責務のように見える．しかし，この判定はユースケース「予約する」において予約を生成する前に呼ば

れているので，メッセージを送る予約オブジェクトがない状態である．また，判定を行うには，予約一覧の中から，特定の会議室あるいは特定の年月日で該当する予約を検索し，条件の比較を行う必要があるので，このままにする．予約オブジェクトの比較を予約クラスで行うように，生成の前にダミーのオブジェクトを作成して，比較する方法もある．登録するまでは予約としては成立していないことに注意しよう．

例えば，予約台帳の操作のシグネチャは図 4.33 のようになる．予約台帳は予約の集合であり，このクラスの操作は集合の操作になる．集合の操作としては，追加・削除・検索がある．検索は検索キーを引数に与える必要がある．ただし，「未確認の予約一覧を取得する」のように，「予約」の属性の「学事課の確認」の値が「未確認」の場合の予約のみを取り出す場合には，引数は不要である．なお，図 4.32 では入力項目の詳細については省略してある．図 4.33 では，予約時に台帳の取得に必要なパラメータも定義した．

予約台帳
+ 予約台帳を取得する(会議室：String, 開始日時：String, 終了日時：String)：OrderedSet<予約> + 予約台帳に登録する(予約：予約)：void + 未確認の予約一覧を取得する()：OrderedSet<予約> + 連絡が必要な予約一覧を取得する()：OrderedSet<予約>

図 4.33 予約台帳クラス

他のユースケースも同様に分析し，クラスに操作を割り当て，シグネチャを決定しながら，必要に応じて統合することも検討しよう．

会議室予約システムは複数のユーザが利用するので，Web アプリケーションとして実装することにする．Web アプリケーションの基本的な構造は，図 4.34 に示すように 3 層アーキテクチャと呼ばれるものである．ブラウザがバウンダリであり，ここからの入力によりサーバにコントロールクラスを経由してリクエストを送る．サーバでは，エンティティクラスによる処理が行われるが，この際に，予約サービスを継続的に行うためにエンティティデータを永続化する．データベースに蓄積して，その読み書きを行う．エンティティデータ

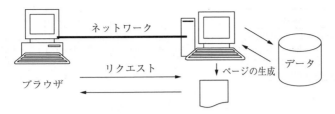

図 4.34 Web アプリケーション（3 層アーキテクチャ）

がデータベースの構造を決める．本書では設計の詳細は扱わないが，Web アプリケーションのフレームワークを用いることで，Web アプリケーション開発で用いられるデータベース接続や，リクエストの管理の開発を軽減できる．

4.6 長方形エディタの構造と振舞いの設計

長方形エディタの事例では，要求分析で定義したモデルから，4.1 節で述べたバウンダリクラスの定義と，アクションのクラスの操作への割当てについて説明する．

要求分析で得られたアクティビティ図におけるクラスとアクションの関係を見てみよう．3.3 節の図 3.20 は「作成する」のユースケースであり，このアクティビティ図には，オブジェクトノードとしてボードと長方形が登場していた．これは，図 3.14 で示したエンティティクラスである．

まず，このエンティティクラスのクラス図の関連の誘導可能性を考える．ボード上に 0 個から 10 個までの長方形をもつので，ボードが長方形を直接知っている．しかし，長方形エディタでは，長方形から自分の属するボードの情報を得ることはないので，図 4.35 のようになる．

クラス図の属性の型の後ろに書いてある {幅>1} などの記述は，表 3.14 で示した属性の制約である．長方形の幅と高さは，点や線分を長方形とみなさないことから，このような条件が設定できる．長方形の左上隅の座標とボードの幅と高さの制約は，要求に従っている．

図 4.35 クラス図の詳細化

つぎに，アクティビティ図からシーケンス図へのマッピングを行う。ユースケース「作成する」のアクティビティ図は，図 3.20 である。クラス図に基づき，システムパーティションのアクションの役割を整理するために，**図 4.36** のように，システムパーティションをこのエンティティクラスに分割し，アク

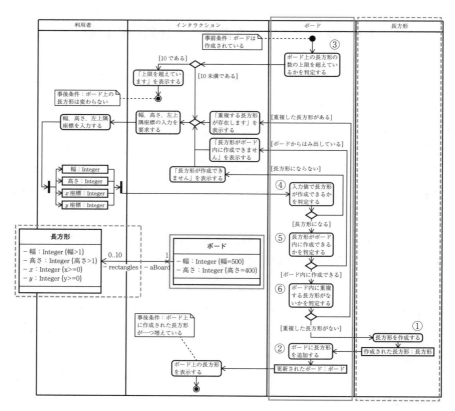

図 4.36 クラスとアクションの関係

4.6 長方形エディタの構造と振舞いの設計

ションを各パーティションに割り当ててみる。また図3.20では，複雑化を避けるためガードの判定アクションは省略していたが，ここではクラスへの操作の割当てを明確にするために，ガードの判定アクションを明記している。このガードはクラスの不変条件から導かれており，他のユースケースでも条件となっていたことを思い出してほしい。

アクティビティ図における，割当ての根拠を考えてみる。

①は，アクションの後に長方形のオブジェクトノードが書かれているように，長方形を生成するものである。②は，ボードが保持する長方形の集合に作成された長方形を追加するものであることから，ボードの責務である。

③[†]の判定は，ボードの保持する長方形の集合の数から計算できる。④から⑥については，表3.14で分析した長方形が作成できるつぎの三つの条件である。

[1] 入力値で長方形が作成できる。

[2] 長方形がボード内に作成できる。

[3] ボード内に重複する長方形がない。

[1]はクラス図に定義された属性の制約である。

[2]は

> 長方形.x ≧ 0 && 長方形.y ≧ 0 && 長方形.x ＋ 長方形.幅 ≦ ボード.幅 && 長方形.y ＋ 長方形.高さ ≦ ボード.高さ

[3]は

> ボード内のすべての長方形Xに対して，「X.x ＝ 長方形.x && X.y ＝ 長方形.y && X.幅 ＝ 長方形.幅 && X.高さ ＝ 長方形.高さ」ではない

※ A.bの意味は，クラスAの属性bという意味である。

このように，これらの条件は，作成しようとする長方形の属性と，ボードの属性で計算できることがわかる。

そこで，この判定を行う責務は，長方形の集合を知っているボードがもつこ

[†] ③は，「作成する」の事前条件であることから，図3.22で示したように，「長方形エディタを実行する」のガードとする。

とにする。①も，長方形を作成する前にボードが判定することになるので，長方形は，与えられた入力値で長方形をつくることだけを行えばよい。すなわち，「長方形を作成する」操作には事前条件がない。

4.3 節で説明したように，バウンダリクラスとコントロールクラスを導入して，アクティビティ図からシーケンス図を書いてみる。図 4.37 は，アクティビティ図内の反復や分岐の制御構造を除いた状態である。

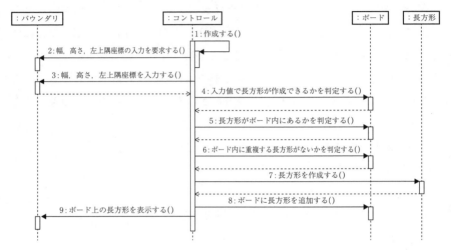

図 4.37　アクティビティ図からシーケンス図へのマッピング（作成する）

また，③の判定は，このユースケースを行うか否かの判定になるので，このシーケンス図には入れていない。

制御構造も記述すると図 4.38 のように書ける。しかし，メソッドを割り当てるという意味では，図 4.37 のようなレベルでもよいかもしれない。重要なのは操作をクラスに割り当て，そのシグネチャを議論できるようにすることである。

他のユースケースも同様に，シーケンス図を書いて，クラスにメソッドを割り当てる。図 3.18 のユースケース「移動する」のアクティビティ図から定義したシーケンス図は，図 4.39 である。

4.6 長方形エディタの構造と振舞いの設計

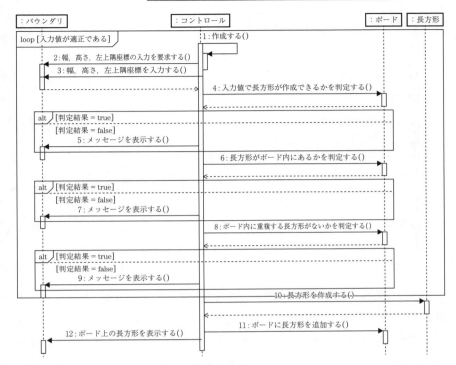

図 4.38 制御構造も記述したシーケンス図（作成する）

　図 3.22 は，ユースケース全体の流れを定義した「長方形エディタを実行する」のアクティビティ図である．このアクティビティ図の一部をシーケンス図にマッピングすると，**図 4.40** のようになる．図 3.4 の中で，各ユースケースの呼出しはサブアクティビティで定義されていた．この呼出しは，シーケンス図内では ref という名前の付いたボックスで表すことができる．これは，別のシーケンス図の呼出しの意味である．

　このように，アクティビティ図で分析したアクションをシーケンス図によりクラスに割り当てた結果，クラス図は**図 4.41** のようになる．

　ここで注意したいのは，異なるシーケンスでも，同じクラスの同じ役割のメソッドは共通であるということである．判定のアクションは，もともとクラスの不変条件から導かれたため，ユースケースをまたいで共通であることを 3 章

140   4. 設計

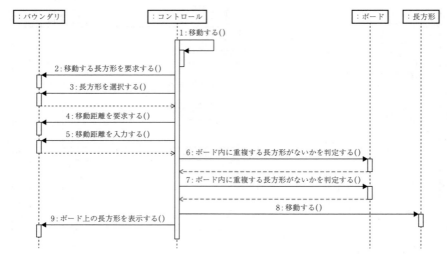

図 4.39 アクティビティ図からシーケンス図へのマッピング（移動する）

で述べた．各ユースケースのアクションを定義する際に，共通であることに注意して，アクション名を定義しておくことが重要である．シーケンス図にマッピングする際には，操作名として言葉を簡略化しているものもあり，この共通性については確認して定義したい．言葉を整理しないと，同じクラスに似たような操作が複数できることになる．要求分析の段階から，アクションの名前とその根拠を明確にすることは重要である．

　他のコマンドも同様にクラスに割り当てることができるので，分析をしてみよう．

　この段階では，クラス図を見てわかるように，操作は「名前」だけが重要であり，戻り値の型や引数は未検討である．そこで，つぎに，「ボード」と「長方形」の操作のシグネチャを検討する．

　「ボード」クラスの判定操作は，その目的からも，戻り値の型は真偽値である．また，判定の条件に必要なデータは，まずボードおよびボードが保持する長方形の情報であり，これはボード自身が知っている．しかし，判定に必要な，新規に作成された長方形や，移動により変更された長方形の情報は引数と

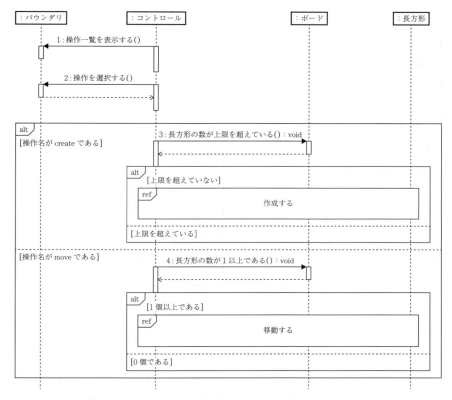

図 4.40 アクティビティ図からシーケンス図へのマッピング
（長方形エディタを実行する）

して与えなければならない．長方形の数に関する判定操作はボードのもつ属性からのみ計算できるので，引数は不要である．

「ボード」クラスの，「ボードに長方形を追加する」も，追加する長方形を引数として与える必要がある．追加はボードの属性の更新なので，戻り値はvoidである．

「長方形」クラスのメソッドは，長方形エディタのコマンド本体であることから，コマンドを実行するのに必要な入力値が引数となる．作成以外のコマンドは，自分自身の属性を更新するものである．

そこで，操作のシグネチャは**図 4.42** のようになる．コントロールクラスは，

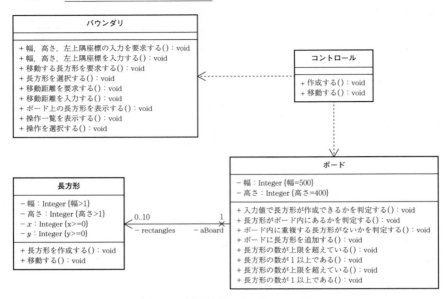

図 4.41　操作を割り当てたクラス図

図 4.40 のように，各ユースケースで定義されたコマンドをコントロールしていることから，「コマンド」と名前を変更した。

つぎに，バウンダリクラスの役割を見てみよう。3 章の表 3.11 を見てほしい。アクターとインタラクションパーティションのアクションは，マッピングの際，便宜上，バウンダリクラスに割り当てた。しかし，これらは，入力に関わる操作と出力に関わる操作に分けられる。

ここまでの段階では，必要な入力をユーザから得ると，繰り返し，長方形のエディットが，条件の範囲内で行えるシステムの構造を定義してきた。バウンダリクラスにある操作は，この入力をユーザからなんらかの方法で得て，なんらかの方法でユーザに見せる操作である。図 4.42 でも，入力は，エンティティクラスが必要とする型の値を返すシグネチャになっている。**表 4.3** は，**図 4.43** に示す三つの方法の説明である。

①は CUI である。図 4.35 のように，文字列でメッセージ文や，ボードの状態を整形して表示し，キーボードからの入力を受け付ける。入力は，プログラ

4.6 長方形エディタの構造と振舞いの設計

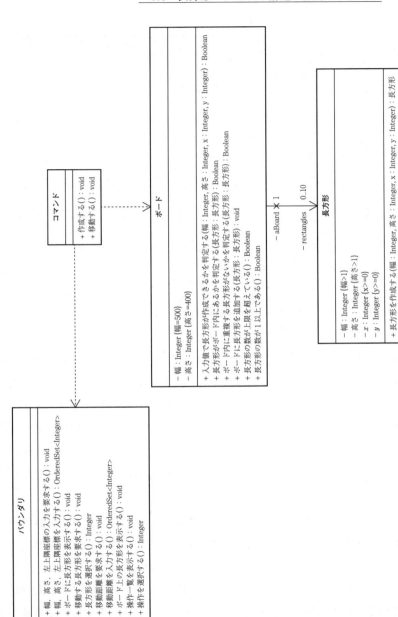

図 4.42 操作のシグネチャの検討

表4.3 入出力の方法

種類	ユースケース	操作名	CUI①	GUI②	GUI③
入力の要求	作成する	幅，高さ，左上隅座標の入力を要求する	メッセージ文字列表示	ラベル表示	なし
	移動する	移動する長方形を要求する	選択肢の文字列表示	なし	なし
		移動距離を要求する	メッセージ文字列表示	ラベル表示	なし
	長方形エディタを実行する	操作一覧を表示する	選択肢の文字列表示	操作名のボタン表示	なし
入力	作成する	幅，高さ，左上隅座標を入力する	文字列入力	テキストボックス入力	マウスドラッグ
	移動する	長方形を選択する	選択肢の文字列入力	マウスクリック	マウスクリック
		移動距離を入力する	文字列入力	テキストボックス入力	マウス操作
	長方形エディタを実行する	操作を選択する	選択肢の文字列入力	ボタン選択	マウス＋キー操作
出力	すべて	ボード上の長方形を表示する	文字列表示	描画	描画

ムで想定した順番に行われ，期待される型であるかの検査を行い，入力値としてコマンドクラスの操作に受け渡される。**リスト4.7**は，引数で与えられたメッセージを出力後，キーボードから入力された文字列を整数として返すメソッド inputString を定義している。このメソッドでは，20行目において，入力された文字列が整数として解釈できない場合に，例外を発生する。これを22行目でキャッチし，23〜24行目のように，再度入力を促すように再帰的に定義を行っている。

②と③は，GUI（graphical user interface）である。②では，ラベル付きのテキストボックスと操作名を記したボタンを画面上に配置している。すなわち，操作名も入力に対する要求も，エディット中，つねに明示されている。ただし，表示されているものに対してどこからでも操作できるので，必要な入力がそろっているか検査する必要がある。テキストボックスの入力値は，①の場合と同様に，入力された文字列を検査して，コマンドクラスの操作の入力値とし

4.6 長方形エディタの構造と振舞いの設計

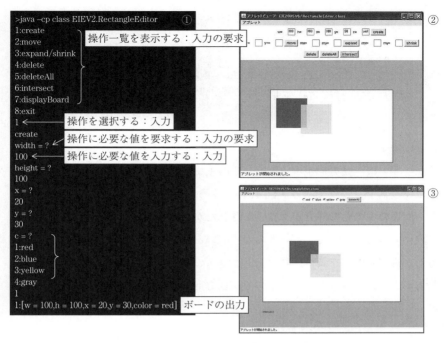

図 4.43 入出力の違い（CUI と GUI）

リスト 4.7 キーボードから整数の入力を行うクラス

```
1   import java.io.*;
2   class Input {
3     private String prompt;
4     private final String ERROR_INPUT_INTEGER = " 入力値は整数ではありません。";
5     private void setPrompt(String prompt){
6         this.prompt = prompt;
7     }
8     private String input() throws IOException{
9         String line;
10        BufferedReader reader
11            = new BufferedReader(new InputStreamReader(System.in));
12        line = reader.readLine();
13        return line;
14    }
15    public int inputInteger(String prompt){
16        this.setPrompt(prompt);
17        System.out.println(this.prompt);
18        try{
```

```
19                    String value = this.input();
20                    int n = Integer.parseInt(value);
21                    return n;
22              } catch (Exception s){
23                    System.out.println(ERROR_INPUT_INTEGER);
24                    return this.inputInteger(prompt);
25              }
26        }
```

て受け渡す。

②と③では，長方形がボード上にそのまま配置されているので，長方形の選択はマウスクリックで行う。**図4.44**のようにマウスで長方形をクリックすると，画面の中のどの部分がクリックされたかが，描画している画面の座標として取得できる。そこで，ボードのもっている長方形のデータと比較してどの長方形が選ばれたかを調べ，コマンドクラスの操作の入力値とする。この判定は長方形クラスで行う責務であるので，長方形クラスにメソッドを追加する。

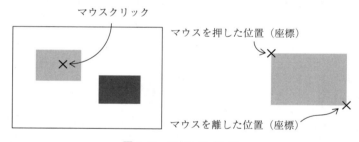

図4.44 マウス操作

③は，長方形の大きさ指定や移動を，描画されている長方形を直接操作することでエディットするものである。直接的に操作しにくい入力項目は，色の選択[†]と長方形全部を削除することなので，前者はラジオボタンで，後者は操作名を記したボタンで行うことにする。

③の場合は，長方形の操作をつぎのように行う。図4.44のように，マウスである点をクリックし，別の点でマウスを放して長方形の外形を示すことで，

[†] 2章で説明した長方形エディタの要求には色の指定はない。5章で，仕様変更要求として，長方形に属性を増やしている。

4.6 長方形エディタの構造と振舞いの設計

コーヒーブレイク

入出力のいろいろ

入出力の方法は多様であり，例えば，PC では，以下のようなものがある。

プログラムに必要な情報を提供する（入力する）方法

- <u>プログラム内で定義</u>： 固定値にはなるが，まずは実行できる。
- <u>コマンドライン引数</u>： main メソッドの引数 String[] args に値を保持できるので，特別な入力のためのクラスをつくる必要がなく，異なる入力を試すことができる。String[] は，文字列 String の配列である。
- <u>キーボードからの入力</u>： いろいろな入力を何回も試すことができる。リスト 4.7 の input メソッドの定義にあるように，API の **Reader クラスを理解し，利用する必要がある。
- <u>マウス操作やキー操作による入力</u>： 入力操作が容易になる。GUI のフレームワークを理解し，利用する必要がある。
- <u>ファイルからデータを読み込む</u>： 一つ一つ入力するのではなく，大量のデータを扱うことができる。ファイルからの読込みのクラスを理解し，利用する必要がある。

プログラムがユーザに情報を提供する（出力）方法

- <u>画面に文字列で表示</u>： System.out.println メソッドを知っていれば表示できる。
- <u>画面にグラフィックス（テキスト・イメージ・リスト・アイコン・ボタン）で表示</u>： 直感的に理解できる。GUI のフレームワークを理解し，利用する必要がある。
- <u>ファイルに出力</u>： データを保存できる。**リスト 4.8** のように，指定ファイルに文字列を出力するプログラムを定義する。write メソッドにあるように FileWriter, BufferedWriter, PrintWriter といった API のクラスを理解し，利用する必要がある。

このように，いろいろな入出力は，言語の提供する API を用いて定義することができる。リスト 4.7 の入力方法もリスト 4.8 のファイル出力方法も汎用的なので，さまざまな場面で利用することができる。

スマートフォンは PC にはないセンサをもつので，入力方法も増えている。本書で示したように，入出力方法は多様であることから，システムの本質的なロジックと切り離して考えることは，大切である。

リスト 4.8 指定ファイルに文字列を出力するクラス

```java
1   import java.io.*;
2   class Writer{
3       private String fileName;
4       private String outData;
5       Writer(String fn, String od){
6               this.fileName = fn;
7               this.outData = od;
8       }
9       void write(){
10          try{
11                  FileWriter out = new FileWriter(fileName);
12                  BufferedWriter bw = new BufferedWriter(out);
13                  PrintWriter writer = new PrintWriter(bw);
14                  writer.println(outData);
15                  writer.close();
16          }
17          catch( IOException e){
18                  System.out.println(e);
19          }
20      }
21  }
```

長方形の対角の頂点の座標が取得できる．初めの点が左上隅の点の座標で，この座標と放した点の座標から，長方形の幅と高さを計算する．これを入力値として，コマンドクラスの操作に受け渡す．しかし，これだけでは，作成なのか移動なのかといった操作の種類を区別できない．そこで，シフトキーなどの特殊キーの押下をマウス操作と同時に行うことで，操作の種類を区別する．

どの場合の入力値も，長方形を作成するために必要な値を提供している．そこで，コマンドクラスの各操作を起動することで，どの入力方式でも同じに動作できるので，この定義は変更する必要はない．

4.7 考　　　察

要求分析のアクティビティ図からのトレーサビリティを保つように，クラスに操作を割り当てる考え方を示した．

4.7 考察

　要求分析で提供したいサービスをしっかりと見極めることで，アクティビティ図からのマッピングにより，クラスの操作を導くことができそうである。シグネチャをシーケンスが成立するようにチェックすることで，不足や誤りを発見することもあるだろう。

　1章でソフトウェアの品質ということを述べた。ソフトウェアは，それを利用する人や社会の要求の変化により，進化しなければならない。要求の変化に伴いプロダクトを適切に変更するために，ソフトウェアがもつ変更しやすいという性質を保守性と呼んだ。この性質は，開発者がつくり込むものである。本節で述べたように，要求分析結果のモデルを基にプログラムの設計図をつくることで，つぎの実装へとつなぐことが可能となる。

　設計時のモデリングの観点をまとめる。

　構造の設計では，クラス図のデータ構造を見直して，振舞いを割り当てることができるかを確認する。見直しの観点はつぎのとおりである。

- オブジェクト図という具体的な例で，属性値の型，値，クラスの関連のロールおよび多重度の観点から見直す。
- ユースケースのアクティビティ図に登場するアクションが，このクラスの属性を使って実現できるかを確認する。クラスの関連をどのようにたどればよいかを検討し，関連の誘導可能性を決める。
- ユースケース分析は，ソフトウェアが「＊＊できる」ことを手順として定義するので，わかりやすい反面，あるユースケースの状況のみでデータの構造を決めると，別のユースケースを追加したときにわかりづらい構造になっていることがある。特定の状況で，便利だからといってデータをクラスにもたせると，別の場所でその値の整合性をとる必要が出てくる。便利さは，設計において派生属性を決め，必要な処理を追加することで解決できるので，特定のユースケースに偏らない構造をつくるとよい。

　振舞いの設計では，アクティビティ図の振舞いを踏襲するように，クラスに操作を割り当てる。

- アクティビティ図のアクションの役割を，バウンダリ，コントロール，エンティティのクラスにマッピングする。
- アクションに対応する操作を，クラスの関連をたどって各クラスに役割分担させる。各クラスの責務として，そのクラスの属性でその操作ができるかを考える。
- シグネチャを定義し，操作に必要なデータはクラスの属性だけで十分か，与えるパラメータはシーケンスのその時点までに得られているか，操作は値を返すのか，クラスの属性を更新するのか，をシーケンスの流れの中で確認する。操作のシグネチャを確認する際には，ユースケースの事前条件・事後条件を満たすように考えよう。

シーケンス図は，メッセージの系列を時間軸に沿って定義し，その上に反復や分岐といった制御構造も記述できる。しかし，制御構造はアクティビティ図にも書かれていることや，ここでの目的は，上述のようにクラスの操作のシグネチャを決めることであるので，クラス構造に対して必要なところにとどめるのでもよい。

本章では，長方形エディタの事例において，バウンダリクラスに割り当てた操作に対し，操作の実現方法に関する設計を行った。

ユーザインタフェースはシステムとユーザの境界であり，システムの見た目を決定している。画面のデザインや配置は，もちろん利用者の理解や，システムを利用するモチベーションを高める意味でも重要である。本書では，こうした観点からの使用性ではなく，システムの利用価値を高めるためのユースケースと，ユースケースの実現に必要な入出力を分析してきた。会議室予約システムでも，長方形エディタでも，入力すべきものや出力すべきものは見えたが，入力の詳細な手順や，画面構成は未定義である。これらは，実装するシステムアーキテクチャや言語に依存するので，それぞれの特徴を生かして，設計するとよい。

長方形エディタでは，CUIとGUIの方法を示した。例えば，CUIでも，図4.43にあるように，操作の一覧を選択する際に「1:create」と番号を付加する

ことにより，ユーザは「create」と入力せずに「1」と入力するだけですむ．利用者の入力の手間を省くことは，利用する意欲に関係するので重要である．そういう意味では，長方形エディタは，使用性の観点から当然 GUI にすべきである．しかし，GUI のプログラミングは初心者には少し難しいことや，インタフェースからのみ考えると，これまで分析してきたような例外処理を必要なところできちんと導入できる保証はない．インタフェースは，まず簡単につくれる CUI で作成し，そこから入出力方法を変えていくのもよいのではないだろうか．

　また GUI でも，②の方式では，テキストボックスに入力するという意味では CUI と同じであるが，前の入力を少し変更して長方形を作成するといった点が，入力作業の削減に役立っている．

　GUI ③では，直感的に長方形がつくれる点が優れている．しかし，この方式で入力する長方形の考え方は，これまでの長方形の考え方と異なっている．入力は図 4.44 にあるように，二つの対角にある座標である．データを変換することにより，エンティティの操作に受け渡すことができる．それならば，初めから長方形の概念を変えておけばよいかもしれない．しかし，本書では一般的な概念としては，幅と高さをもつもののほうがわかりやすいので，このように定義している．

5 設計から実装へ

保守性を高めるためには，クラスの共通部分をうまく設計することが大切である．本章では，デザインパターンを共通部分の見直しの観点から考えてみる．さらに，一つのユースケースを例に，要求分析，設計モデルから得られるスケルトンコードからプログラムを作成するプロセスを説明する．

5.1 共通部分の設計

これまでのモデリングでは，オブジェクト指向の特徴であるデータと振舞いの固まりであるクラスを，要求分析から設計において構築する過程を説明してきた．対象とするシステムの振舞いに必要となるデータを中心に，それぞれのクラスの責務が明確になるように分類することが大切である．しかし，世の中にあるものや概念には，同じところや似たところがある．モデルの世界では，こうした共通部分を扱う仕組みがないと，似たクラスが複数ある場合，どれを再利用したらよいかの判断が難しくなる．さらに，新たな要求に対して振舞いを変更する場合，同じことをしている他のクラスも同じように変更すべきかどうかも判断が難しいところである．ソフトウェアは，共通部分をうまく整理することで，再利用もしやすいし，理解もしやすくなるということである．こうした性質が，1章で述べたソフトウェアの品質の中の「保守性」である．

本節では，クラスの共通部分のまとめ方について説明し，再利用しやすい構造について考えてみる．

5.1 共通部分の設計

共通部分を考えるために，クラスの構成要素についてもう一度考えてみよう。クラスはオブジェクト指向におけるモジュールであり，データとその振舞いの集合である。構成要素は**表 5.1**のようになる。共通部分を考えるということは，これらの要素のうちどれが同じでどれが違うかということである。表5.1にあるように構文要素だけではその違いを限定することはできないが，まずは共通部分を整理するための仕組みを構文要素に基づいて考える。

表 5.1　クラスの構成要素

要素	構文要素	制　　　約
属性	名前	値の範囲などの条件式
	型	
操作	名前	事前条件・事後条件・不変条件
	戻り値の型	
	引数	
	定義本体	

属性は，クラスの中で明確に識別できる特徴に名前を付けるものであるから，共通性という意味では，クラスの名前と同様に，世の中で一般的に通用する，その分野では共通語であるといった基準を設けて名前が付けられる。型は，クラスの関連で構造化され，意味をもっていた。

操作の構成要素において，同じクラスにおける名前と戻り値の型が同じメソッドは，メソッドの**オーバーロード**（overload）である。あるクラスにおける操作で，同じ意図のメソッドではあるが，引数の違いで異なる処理を定義したい場合などに利用する。

例えば，Java のプログラムで，標準出力に出力するときによく使う println というメソッドがある。このメソッドは，PrintStream クラスに定義されており，引数で与えられたデータを行として出力するものである。引数の違いで，下記の種類のメソッドが用意されている。メソッドの役割は同じであるが，実際の処理の違いを引数により区別している。実行時には，呼び出された文脈で識別して実行される。

> void println(boolean x)：boolean 値を出力して，行を終了．
> void println(char x)：文字を出力して，行を終了．
> void println(char[] x)：文字の配列を出力して，行を終了．
> void println(double x)：double を出力して，行を終了．
> void println(float x)：float を出力して，行を終了．
> void println(int x)：整数を出力して，行を終了．
> void println(long x)：long を出力して，行を終了．
> void println(Object x)：Object を出力して，行を終了．
> void println(String x)：String を出力して，行を終了．

この仕組みにより，同じ意図のメソッドを同じ名前で共通化し，認識することができる．

また，4.4 節の線分クラスと点クラスの例（linearTransfer）で見たように，異なるクラスで同じ名前のメソッドをもつことで，クラスの関連と振舞いの役割分担を明示することができる．

複数のクラスの共通部分はクラス間の関係によって考える．オブジェクト指向の概念で重要な**継承**は，新たなクラスを定義するときに，クラスの共通部分の記述を省略し，差分定義によりクラスを拡張する方法である．

継承は，そもそも似た性質を引き継ぐという意味である．ものとものの関係において，あるものがあるものの一種であるということを **is-a 関係**と呼ぶ．同類とみて分類するとわかりやすいということである．

ソフトウェアでは，既存のクラスを少し拡張し，機能拡張をする際に継承を用いる．ただし，既存のクラスに対して，その一種としての拡張であると考えられる場合にのみ用いることが大切である．例えば，長方形エディタの例を考えてみる．初めの長方形は，幅，高さ，左上隅の座標を属性としてもっていた．長方形エディタに対して，つぎの仕様変更を行うことを考える．

> (1) 長方形とボードに色をつける．
>   - ボードの色は white とする．
>   - 長方形の色として指定できる色は以下のとおりである．
>   — red
>   — blue

5.1 共通部分の設計

- yellow
- gray

(2) 長方形に対する配置の機能のうち intersect を以下のように拡張する。
- 重なり部分の色を以下の規則でマージして，色を決定する。
- 色の組合せが同じであれば gray とする。
- 色の組合せが yellow と blue ならば，green とする。
- 色の組合せが red と yellow ならば，orange とする。
- 色の組合せが red と blue ならば，magenta とする。
- その他の場合は cyan とする。

長方形は色が異なってもボード上で同じ幅，高さ，位置をもつ場合は同一の長方形とみなす。

色付きの長方形は，長方形の一種である。「色付き」という特徴が増えて，特化された長方形になっている。この仕様変更要求では，「色付き」という特徴を使って，長方形を intersect して新たな長方形をつくるときに，重なり部分の色はマージした色にするという機能拡張を行っている。そこで，クラスの要素（属性・操作）に注目し，仕様変更要求から見えてくる差分を**表5.2**のように整理する。要求文の下線部分は，「長方形が同じであるかの判定は色が付いても変わらない」ということを示している。

表5.2 要求の差分

要素	長方形	色付き長方形	差分
属性	幅，高さ，左上隅の座標	幅，高さ，左上隅の座標，色	色の属性の追加
操作	intersect	intersect	色のマージの計算を本体で行う（メソッドの修正）
		マージにより色を決定する	新規メソッドの追加

継承では，このように，新たな属性の追加，新規メソッドの追加，既存メソッドの修正が行われる。この既存メソッドの修正を**オーバーライド**（override）と呼ぶ。**図5.1** は既存の Rectangle クラスの継承による色付き長方形のクラス

5. 設計から実装へ

```
┌─────────────────────────────────────────────┐
│                 Rectangle                    │
├─────────────────────────────────────────────┤
│ - width : double                             │
│ - height : double                            │
│ - xcoord : double                            │
│ - ycoord : double                            │
├─────────────────────────────────────────────┤
│ ~ Rectangle(w : double, h : double, x : double, y : double) │
│ + getWidth() : double                        │
│ + getHeight() : double                       │
│ + getXcoord() : double                       │
│ + getYcoord() : double                       │
│ + move(x : double, y : double) : void        │
│ + expand(mx : double, my : double) : void    │
│ + shrink(mx : double, my : double) : void    │
│ + intersect(r : Rectangle) : Rectangle       │
│ + toString() : String                        │
│ + equals(object : Object) : boolean          │
└─────────────────────────────────────────────┘
                     △
                     │
┌─────────────────────────────────────────────┐
│             ColoredRectangle                 │
├─────────────────────────────────────────────┤
│ - color : String                             │  追加した属性
├─────────────────────────────────────────────┤
│ ~ ColoredRectangle(w : double, h : double, x : double, y : double, c : String) │ コンストラクタ
│ + mergeColor(c : String) : void              │  追加した操作
│ + intersect(r : Rectangle) : Rectangle       │  オーバーライド
│ + toString() : String                        │  した操作
└─────────────────────────────────────────────┘
```

図 5.1 クラスの継承による拡張

ColoredRectangle を定義したクラス図である。継承は図のような白抜き三角形の付いた矢印で表される。上記の差分だけが，クラスの構成要素として見えている。プログラムではリスト 5.1 の 63 行目のようにキーワード extends を用いて ColoredRectangle が Rectangle を継承していることを定義する。なお，コンストラクタは，インスタンスの生成方法を定義するものであるから，追加した属性に関しての生成方法を必ず定義しなければならない。

Rectangle と ColoredRectangle の共通部分は，Rectangle のすべての属性，オーバーライドされていない操作，オーバーライドされた操作のシグネチャである。シグネチャは，定義本体を除いた操作の構成要素，すなわち操作の名前，戻り値の型，引数である。継承では，共通部分はどちらのオブジェクトに

5.1 共通部分の設計

も同じ作用をする。すなわち，ColoredRectangle は幅，高さ，左上隅の座標に加えて，色という属性をもち，Rectangle のオブジェクトと同様に，move などのメソッドが適用できるということである。確かに，長方形の移動は，色が付いていてもいなくても同じである。要求の下線部分は，「長方形が同じであるかの判定は色が付いても変わらない」ということであるので，Rectangle の判定メソッド equals をそのまま使用できることがわかる。このように，追加された属性に関わらない操作はそのまま使用できるので，二重に定義する必要はない。

この差分は，プログラム上では**リスト 5.1** の 63 行目から 104 行目のように定義される。差分定義で大事なことは，クラス図上では見えない定義本体の差分である。リスト 5.1 の四角形で囲まれたコンストラクタおよびメソッドが定義本体を書き換えたものである。この中で，super というキーワードが，ColoredRectangle のスーパークラス[†]である Rectangle を指す。super は，コンストラクタ内ではスーパークラスのコンストラクタを，メソッド内ではスーパークラスのオブジェクトを指している。これが，両者の共通部分を表しているということである。

リスト 5.1 継承によるクラスの拡張

```
1   class Rectangle {
2       private double width;
3       private double height;
4       private double x;
5       private double y;
6
7       Rectangle(double w, double h, double x, double y) {
8         this.width = w;
9         this.height = h;
10        this.x = x;
11        this.y = y;
12      }
13      public double getWidth(){
```

[†] X というクラスを継承して Y というクラスを定義した場合，X を Y のスーパークラス，Y を X のサブクラスと呼ぶ。スーパークラスが，共通部分を定義しているところになる。

```
14        return this.width;
15      }
16      public double getHeight(){
17        return this.height;
18      }
19      public double getX(){
20        return this.x;
21      }
22      public double getY(){
23        return this.y;
24      }
25      public void move(double x, double y) {
26        this.x = this.x + x;
27        this.y = this.y + y;
28      }
29      public void expand(double mx, double my) {
30        this.width = this.width * mx;
31        this.height = this.height * my;
32      }
33      public void shrink(double mx, double my) {
34        this.width = this.width * mx;
35        this.height = this.height * my;
36      }
37      public Rectangle intersect(Rectangle r) {
38        double sx = Math.max(this.x, r.x);
39        double sy = Math.max(this.y, r.y);
40        double ex = Math.min(this.x + this.width, r.x + r.width);
41        double ey = Math.min(this.y + this.height, r.y + r.height);
42        double newwidth = ex - sx;
43        double newheight = ey -sy;
44        if (newwidth > 0 && newheight > 0)
45              {
46                  return (new Rectangle(newwidth,newheight,sx,sy));
47              }
48              else {
49                  return null;
50              }
51      }
52      public String toString(){
53        return "w = " + this.width + ",h = " + this.height + ",x = " + this.x
54              + ",y = " + this.y ;
55      }
56      public boolean equals(Object object){
57        Rectangle r = (Rectangle)object;
58        return (this.width == r.width && this.height == r.height
```

5.1 共通部分の設計

```
59            && this.x == r.x && this.y == r.y);
60      }
61   }
62
63   class ColoredRectangle extends Rectangle{
64       private String color;
65
66       ColoredRectangle(double w, double h, double x, double y, String c) {
67         super(w,h,x,y);
68         this.color = c;
69       }
70       public void mergeColor(String c){
71         if (this.color.equals(c))
72             {
73                 this.color = "gray";
74             }
75         else if (this.color.equals("yellow") && c.equals("blue")
76                 || this.color.equals("blue") && c.equals("yellow")){
77             this.color = "green";
78         }
79         else if (this.color.equals("yellow") && c.equals("red")
80                 || this.color.equals("red") && c.equals("yellow")){
81             this.color = "orange";
82         }
83         else if (this.color.equals("red") && c.equals("blue")
84                 || this.color.equals("blue") && c.equals("red")){
85             this.color = "magenta";
86         }
87         else {
88             this.color = "cyan";
89         }
90       }
91       public Rectangle intersect(Rectangle r){
92         String c = ((ColoredRectangle)r).color;
93         Rectangle r1 = super.intersect(r);
94         ColoredRectangle cr =
95             new ColoredRectangle(r1.getWidth(),r1.getHeight(),
96                                  r1.getX(),r1.getY(),c);
97         cr.mergeColor(this.color);
98         return cr;
99       }
100
101      public String toString(){
102        return(super.toString() + ",color = " + this.color);
103      }
```

5. 設計から実装へ

```
104    }
```

toStringメソッドはオブジェクトの文字列化を行うメソッドであり，すべてのクラスのスーパークラスであるJava APIのObjectクラスに定義されているメソッドである。このメソッドの役割は，オブジェクトの文字列化が必要になった際に，その形式を決めることである。

Rectangleクラスでは，下記のように四つの属性を文字列の連結演算子「+」を使って結合しており，下記のように文字列が表示される。

```
"w = " + this.width + ",h = " + this.height + ",x = " + this.x + ",y = " + this.y
```

```
1:[w = 100.0,h = 100.0,x = 10.0,y = 10.0]
```

拡張されたColoredRectangleクラスでは，この形式に新たな属性の文字列化を追加したいので，結果としては下記のように表示されればよい。

```
1:[w = 100.0,h = 100.0,x = 10.0,y = 10.0,color = yellow]
```

そこで，例えば下記のように定義したとしても目的は達せられる。

```
"w = " + this.width + ",h = " + this.height + ",x = " + this.x + ",y = " + this.y +  ",color = " + this.color
```

しかし，これでは，RectangleクラスとColoredRectangleクラスのtoStringメソッドの定義に重複したコードがあり，共通部分を明確にはしていない。さらに，Rectangleクラスの定義を変更したら，ColoredRectangleクラスの定義も変更しなければならない。変更を忘れたり，間違えると，同じ変更がしたいという意図が反映できなくなる。そこで，共通部分を明確にし，変更が自動的に波及するように，下記のように共通部分をsuper.toString( )として定義することが望ましい。これが差分を定義するということである。

```
super.toString( ) + ",color = " + this.color
```

クラスの操作に関する共通部分において，定義本体が同じ場合はそのまま使えるので，異なるクラスのオブジェクトでも同じ振舞いをする。振舞いを変え

5.1 共通部分の設計

たい場合は，オーバーライドにより，シグネチャはそのままで定義本体のみを書き換えることができた．シグネチャが共通ということは，呼出し方が同じであるということである．しかし，定義本体を書き換えているので，振舞いは異なる．そこで，クラスのすべての振舞いをオーバーライドしたら，クラスの意図自体が大きく変わらないのだろうかという問題が生じる．そこで，同じ意図の振舞いではあるが，その対象データの違いにより処理手順はまったく異なる場合には，シグネチャのみを共通にするとという方法があり，便利である．そうすると，どういう使い方ができるクラスであるかが明確になる．Javaでは，**表**5.3のように，共通部分を記述する仕組みがある．

表5.3　クラスの共通部分

仕組み	意　　味	共通部分
継　承 （inheritance）	あるクラスの差分を定義することでクラスを拡張する．元のクラスを**スーパークラス**，拡張したクラスを**サブクラス**と呼ぶ．	スーパークラスのフィールド，一部のメソッド定義全体，一部のメソッドのシグネチャが共通である．
抽象クラス （abstract class）	抽象メソッドを含んでいるクラス．抽象メソッドはシグネチャのみが定まっていて，その本体（実装）がないメソッドである．一部のメソッドがシグネチャのみで，定義が定まっていないため，このクラスのインスタンスは生成できない．	抽象クラスを継承して具象クラスをつくるので，具象クラス間では，フィールド，抽象クラスの本体のあるメソッドと抽象メソッドが共通部分となる．
インタフェース （interface）	すべてのメソッドが抽象メソッドである．シグネチャのみで定義が定まっていないため，インタフェースからインスタンスは生成できないが，メソッドの呼出しは決定できる．	インタフェースを実装して実装クラスを定義するので，実装クラス間で，抽象メソッドが共通である．フィールドは定数のみが共通項目として定義できる．

　JavaのAPIには，こうした共通部分を整理した抽象クラスやインタフェースが数多く定義されている．

　Javaにおける抽象クラスとインタフェースの記述形式は，下記のとおりである．表5.3にあるように，これらの仕組みを利用してプログラムを作成するには，コメント部分に具体的な定義を行わなければならない．つまり，これら

の構文は共通部分を明確に定義するテンプレートなので，この構文でプログラムを書きながらコメント部分を読むことで，共通部分をこのテンプレートに従って理解できるわけである。

また，継承時のメソッドのオーバーライドの場合には，スーパークラスにもサブクラスにもメソッドの定義本体はある。しかし，抽象メソッドは抽象クラスにおいて定義本体がないため，これを継承したクラスできちんと定義しないと，コンパイル時にエラーとなる。継承の場合は，定義していなければスーパークラスのメソッドを呼び出すので，もしオーバーライドして振舞いを変えたかった場合に記述を忘れると，意図しない振舞いになるので注意しよう。

抽象クラス X を継承して抽象メソッドを具象化したクラス Y を定義する。
```
abstract class X{
        abstract type method(arg,...);
}
class Y extends X{
        type method(arg,...){
        /* ここに定義が入る */
        }
}
```
インタフェース Y を実装したクラス X を定義する。
```
interface Y{
        type method(arg,...);
}
class X implements Y{
    /* Y に定義されたすべてのメソッドの定義が入る */
}
```

これらの仕組みをうまく利用することで，プログラムの中の共通部分を明確にすることができる。インタフェースと抽象クラスの使い方は，5.2節の事例を通じて説明する。

5.2 リファクタリングとデザインパターン

デザインパターン[3]は，ソフトウェアをつくる際に頻繁に生じる問題に対処するための近道であり，よい設計の例といわれる．確かに，ソフトウェアをつくっている際には，「どこかでうまくやっていたよね」という方法をまねすることが成功への近道である．解決のパターンは，問題のどの部分を再利用できるようにクラス化するかということを示している．一般にデザインパターンは，そのカタログや事例を見て，どのような問題を解決しているかを知り，その上で，うまく利用することを試みるという使い方をする．

本節では，繰り返し処理を分離するイテレータパターンと，処理の大筋を共通化するテンプレートメソッドパターンを取り上げる．問題に対してパターンの適用方法を説明するのではなく，これらのパターンが適用可能な問題をパターンを意識しないで解いたプログラムに対して，設計ポイントを考慮してリファクタリングを行うことにする．**リファクタリング**とは「外部から見たときの振舞いを保ちつつ，理解や修正が簡単になるようにソフトウェアの内部構造を変化させること」[4]である．つまり，理解や変更が容易になる構造をつくっていくことである．ここでのポイントは，「問題の中の変化するところと変化しないところを見極める」ことである．そこで，本書では，プログラムをリファクタリングすることによって，パターンという「変化するところと変化しないところ」を分離する方法を導き出す過程を事例で説明する．プログラムのどの部分をどのように構造化するとよいのかを見てみよう．

5.2.1 イテレータパターン

イテレータパターン (iterator pattern) は名前のとおり，繰り返し処理に使われるパターンである．ここでは，ディレクトリの探索を例にする．ディレクトリはファイルとディレクトリからなる木構造である．探索は，木構造を繰り返し調べる方法である．ここでは，つぎのような要求があるとする．

> 指定したディレクトリ名をルートとするディレクトリの木構造を幅優先の順序で探索し，各ディレクトリの構成要素の一覧データを生成し，指定したファイルに書き出す．

一例として，**リスト5.2**のプログラムを見てみよう．このプログラムをコンパイルして実行し，Filetxt.csvファイルに指定したディレクトリ構造が出力されることを確認しよう．ここでは，コマンドライン引数でディレクトリ名を指定し，指定ファイルはプログラム内に埋め込んでいるので，実行した場所にファイルが生成される．

リスト5.2 とりあえずつくったプログラム

```
1   import java.io.*;
2   import java.util.LinkedList;
3   import java.util.Queue;
4
5   class DirList{
6     public static void main(String[] args){
7       /*  探索するディレクトリの設定  */
8       File dir = new File(args[0]);
9       /*  キューの作成  */
10      Queue<File> dirQueue = new LinkedList<File>();
11      /*  探索するディレクトリを挿入する  */
12      dirQueue.offer(dir);
13      try{
14        FileWriter out = new FileWriter("Filetxt.csv");
15        BufferedWriter bw = new BufferedWriter(out);
16        PrintWriter writer = new PrintWriter(bw);
17        /*  探索開始  */
18        while(dirQueue.peek() != null){
19        writer.println("Directory :"+dirQueue.peek().getName());
20            /*  リストから要素を取り出す  */
21            File[] dirFilelist = dirQueue.poll().listFiles();
22            for(int i =0; i < dirFilelist.length; i++){
23                /*  ディレクトリかファイルかの判断  */
24                if(dirFilelist[i].isDirectory()){
25                /*  ファイルへの書込み  */
26                writer.println("     "+ dirFilelist[i].getName()
27                                         +" はディレクトリです．");
28                /*  キューに見つけたディレクトリを挿入する  */
```

```
29                            dirQueue.offer(dirFilelist[i]);
30                      }else{
31                            writer.println("        "+dirFilelist[i].getName());
32                      }
33                  }
34              }
35          writer.close();
36          } catch(IOException e){
37                  System.out.println(" エラー ");
38          }
39      }
40  }
```

このプログラムでは，つぎのように Java の API を使用している．

- ディレクトリやファイルを扱うので，File クラスを使用する．名前で指定したディレクトリの木構造が取得できる（リスト 5.2 の 8 行目）．

- ファイルにデータを書き出すので，14～16 行目の **Writer クラスを使用する．これらは指定したファイルに整形した文字列を書き出すための定型的な使い方（19，26，31 行目）をすればよい．しかし，これらのメソッドは例外[†]をスローするメソッドが含まれているため，13 行目から 38 行目にある try catch 構文を忘れないようにする．

- 探索を行うために，キューを利用するので，Queue インタフェースとその実装である LinkedList を使用する．使用するメソッドは，挿入（offer），取出し（poll），参照（peek）の三つである．

このプログラムは main メソッドの中にすべての処理が書かれている．リバースしてみると，当然ではあるが，**図 5.2** のようにどのような構造になっているのかはまったくわからない．そのプログラムからは，ある程度その処理手順は読み取ることができるとして，つぎのような変更要求があった場合どのような対応をしたらよいか考えてみよう．

[†] Java の例外処理では，例外もクラスとして扱われている．この例のように IO に関わるメソッド実行時には，ファイルの読込み時にエラーが発生する可能性がある．このようなエラー発生時にメソッドが例外オブジェクトを「スローする」という．この例外を捕捉して処理する機構が，try catch 構文である．

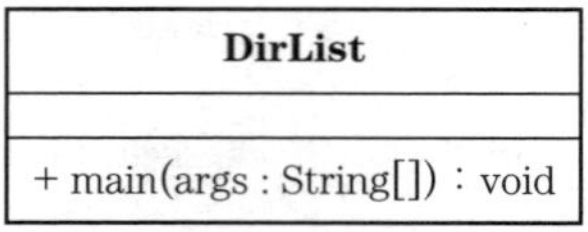

DirList
+ main(args : String[]) : void

図 5.2 ソースコードからの
リバース

　例えば，新たな要求として，探索アルゴリズムを深さ優先に変えたいとするとどうなるだろう．また，探索したデータを保存して利用したいとすると，どうなるだろう．いまは，26行目や31行目のように，データを見つけた時点で整形してファイルに書き込んでいる．修正方針は立てられただろうか．

　ソフトウェアは，1章でも述べたように，要求の変化に伴って変更しなければならない．このプログラムは，要求された機能は満たしているかもしれないが，新たな要求に対するプログラムの変更点がどこになるのかわかりにくい，という問題がある．

　要求に対する問題解決の構造が見えるように，この問題をモデルを使って分析してみる．対象となるデータはディレクトリの木構造である．Java では，File クラスを使ってディレクトリやファイルの操作ができる．探索のアルゴリズムを含めて，アクティビティ図を使って**図 5.3**のように分析をした．

　この問題の場合，ユースケースは，「ディレクトリ構造を探索する」であると考えられる．図 5.3 の左のアクティビティ図がユースケースの最初の定義である．これまでの分析方法と同様，ユースケースの入力と出力のアクションと，入力から出力を得るシステムのアクションを分離している．

　オブジェクトノードにあるように，探索対象データは，OrderedSet<File> 型のファイルオブジェクトの集合である．探索結果は String 型のデータである．

　このユースケースの四角形で囲まれたアクション「指定されたディレクトリを探索する」を，前後のデータに基づきアクションフローに展開したのが，右側のアクティビティ図である．探索のアルゴリズムを「ディレクトリは下部構造をもち，ファイルはもたないことから，ディレクトリであれば，下部構造を

5.2 リファクタリングとデザインパターン

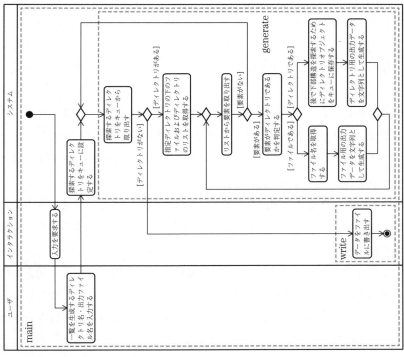
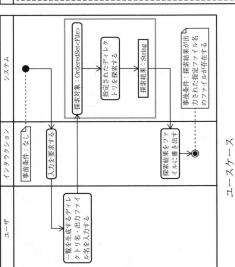

図 5.3 問題の分析と役割の分割

探索するためにキューに保存する。キューは探索の初めに作成し，これに最初のディレクトリを入れておく。キューが空になったら探索は終了である。」と考え，モデル化している。キューは FIFO（First In First Out）のデータ構造である。保存したものから，順番に処理をするので，ここではキューを用いている。

入力はディレクトリ名と出力ファイル名の二つであるが，リスト 5.2 のプログラムでは，ディレクトリ名はコマンドライン引数として取得（8 行目）し，出力ファイル名は，固定ファイル名をプログラムに埋め込んでいる（14 行目）。キーボードから二つの名前を入力する方法をとってもよい。

出力は出力データと出力方法を分離し，探索中はデータを保持するのみで，最後にデータを出力方式に与える方法をとる。このように分離することで，出力方式の切替や出力前のデータの加工が容易になる。

このような役割を踏まえた観点から，main メソッド内の処理を，**図 5.4** のように分割する。図 5.3 右側のアクティビティ図内の点線で囲まれた部分が，各メソッドに対応する。ただし，main は他のメソッドの呼出しを行う全体のコントロールの役割を担っている。**リスト 5.3** が，この方針で作成したプログラムである。

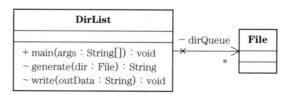

図 5.4 役割ごとにメソッドに分割したプログラムのクラス図

リスト 5.3 役割ごとにメソッドに分割したプログラム

```
1    import java.io.*;
2    import java.util.LinkedList;
3    import java.util.Queue;
4
5    class DirList{
```

```
 6      /* キューの作成 */
 7      private Queue<File> dirQueue = new LinkedList<File>();
 8
 9      public static void main(String[] args){
10          /*   探索するディレクトリの設定   */
11          File dir = new File(args[0]);
12          DirList dirList = new DirList();
13          dirList.dirQueue.offer(dir);
14          String outdata = "";
15          while(dirList.dirQueue.peek()!= null){
16              outdata += dirList.generate(dirList.dirQueue.poll());
17          }
18          dirList.write(outdata);
19      }
20
21      String generate(File dir){
22          String outdata = "";
23          outdata += "Directory :"+dir.getName();
24          /*   リストから要素を取り出す   */
25          File[] dirFilelist = dir.listFiles();
26          for(int i =0; i < dirFilelist.length; i++){
27              /*   ディレクトリかファイルかの判断   */
28              if(dirFilelist[i].isDirectory()){
29                  outdata +="    "+ dirFilelist[i].getName()+" はディレクトリです。";
30                  /*   キューにエンキュー   */
31                  dirQueue.offer(dirFilelist[i]);
32              }else{
33                  outdata +="    "+dirFilelist[i].getName();
34              }
35          }
36          return outdata;
37      }
38
39      void write(String outData){
40          try{
41                  FileWriter out = new FileWriter("Filetxt.csv");
42                  BufferedWriter bw = new BufferedWriter(out);
43                  PrintWriter writer = new PrintWriter(bw);
44                  writer.println(outData);
45                  writer.close();
46          } catch( IOException e){
47                  System.out.println(e);
48          }
49      }
50  }
```

この分割により，入力・出力方式，および探索のアルゴリズムを分離することはできた。しかし，探索における繰り返し処理は，リスト5.3の15行目から17行目の四角形で囲まれた部分に書かれてあり，対象のデータ構造に完全に依存した制御になっている。いまは同じクラス内のメソッドを呼び出しているので問題なさそうに思えるが，このクラスに別の探索方法やデータの加工方法を入れていくとクラスが大きくなり，メソッド数も多くなる。そこで，役割ごとにクラスを分け，変化するところを切り分ける工夫が必要になる。

ここから，**図5.5**のようにクラスの分割を行う。

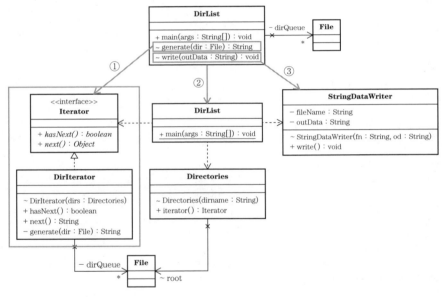

図5.5 イテレータパターンを用いたプログラムのクラス図

① 探索の中の変化するものと変化しないものの役割の分割を行う。

- 変化するもの： ディレクトリをたどるアルゴリズム。
- 変化しないもの： 探索するディレクトリがあるかの判定と，あるならば対象の取出し ⇒ この役割の前者を boolean hasNext()，後者を Object next() として，インタフェース Iterator をリスト5.4の

5.2 リファクタリングとデザインパターン

26 行目から 29 行目のように定義する。

リスト 5.3 の 15 行目 dirList.dirQueue.peek()!= null を hasNext()，16 行目の dirList.generate(dirList.dirQueue.poll()) を next() と置き換える。

② その結果が，**リスト 5.4** の 7 行目から 9 行目になる。定義から対象データの構造が隠ぺいされていることがわかる。

リスト 5.4　イテレータパターンを使用したプログラム

```
1   class DirList{
2    public static void main(String[] args){
3      /* 探索するディレクトリの設定 */
4      Directories directories = new Directories(args[0]);
5      Iterator itr = directories.iterator();
6      String outdata = "";
7      while(itr.hasNext()){
8        outdata += itr.next();
9      }
10     StringDataWriter writer = new StringDataWriter("Filetxt.csv",outdata);
11     writer.write();
12   }
13  }
14  import java.io.*;
15  class Directories{
16      File root;
17      Directories(String dirname){
18             File dir = new File(dirname);
19             this.root = dir;
20      }
21      public Iterator iterator(){
22             return new DirIterator(this);
23      }
24  }
25
26  public interface Iterator{
27      boolean hasNext();
28      Object next();
29  }
30
31  import java.io.*;
32  import java.util.LinkedList;
33  import java.util.Queue;
34
35  class DirIterator implements Iterator{
```

```
36      private static final String DIRECTORY = "Directory: ";
37      private static final String LF = "¥n";
38      private static final String TAB = "¥t";
39      private Queue<File> dirQueue = new LinkedList<File>();
40      DirIterator(Directories dirs){
41              this.dirQueue.offer(dirs.root);
42      }
43      public boolean hasNext(){
44              return (this.dirQueue.peek()!= null);
45      }
46      public String next(){
47              return this.generate(this.dirQueue.poll());
48      }
49      private String generate(File dir){
50       String outdata = "";
51       outdata += DIRECTORY + dir.getName() + LF;
52       /* リストから要素を取り出す */
53       File[] dirFilelist = dir.listFiles();
54       /* 木構造表示 */
55       for(int i =0; i < dirFilelist.length; i++){
56        /* ディレクトリかファイルかの判断 */
57         if(dirFilelist[i].isDirectory()){
58          outdata += TAB + dirFilelist[i].getName()+" はディレクトリです。" +LF;
59        /* キューにエンキュー */
60          dirQueue.offer(dirFilelist[i]);
61         }else{
62          outdata += TAB + dirFilelist[i].getName() +LF;
63         }
64       }
65       return outdata;
66  }
67  }
68  import java.io.*;
69  class StringDataWriter{
70      private String fileName;
71      private String outData;
72      StringDataWriter(String fn, String od){
73              this.fileName = fn;
74              this.outData = od;
75      }
76      void write(){
77       try{
78              FileWriter out = new FileWriter(fileName);
79              BufferedWriter bw = new BufferedWriter(out);
80              PrintWriter writer = new PrintWriter(bw);
```

```
81              writer.println(outData);
82              writer.close();
83         } catch( IOException e){
84              System.out.println(e);
85         }
86     }
87 }
```

③ データの出力は探索することとは役割が異なるので，ファイルへの文字列データの書出しを行うクラス StringDataWriter を定義し，指定したファイルへ文字列データを書き込む役割をもたせる。

二つのプログラムの main メソッドを比較してみよう。リスト5.3のプログラムは main からはプログラムのすべてのフィールドおよびメソッドが見えている状態であるが，リスト5.4では main を含む DirList クラスから見えるのは，図5.5において，DirList からの依存関係をもつクラスおよびインタフェースのみであることに注意しよう。このように依存関係を少なくすることで，DirIterator のアルゴリズムを変更しても影響がないことがわかる。デザインパターンはこのように，問題解決における，変化するところと変化しないところを切り分ける指標となっている。

5.2.2 テンプレートメソッドパターン

テンプレートメソッドパターン（template method pattern）は，処理の大まかな流れを親クラスで実装し，異なる部分だけをそれぞれの子クラスで実装するパターンである。これにより，処理の共通部分を明確にし，似たような処理をまとめて把握できるようにする。

ここでは，つぎの問題を解決するプログラムをとりあえず書いてみて，似ているところを見極めながら，共通部分を抽出するリファクタリングを行い，最終的にテンプレートメソッドパターンが導けることを見てみる。5.1.1項で説明した共通部分とはなんなのか，改めて考えてみよう。

コーヒーブレイク

イテレータ

　イテレータパターンは，その名前のとおり，繰り返し処理に使われるパターンである。Java の API の索引から iterator( ) という項目が数多く見つけられるだろう。これらは，それぞれのクラスおいて，クラス固有のなんらかの繰り返し処理を行うイテレータオブジェクトを返すメソッドである。イテレータオブジェクトが使えることで，繰り返し処理は，つぎがあるか？という hasNext メソッドと，つぎを取り出す next メソッドのみを使って定義されるので，繰り返しにおける具体的なデータ取出しや判定の方法を隠ぺいして利用することができる。

　繰り返し処理といえば，for 文で書くことが多いだろう。例えば，ある順序のついた集合から要素を一つずつ取り出して，画面表示をする場合には，集合が配列であれば，つぎの①のように記述する。これがイテレータをもつ集合を使うと，②のように書ける。集合 list は String の集合であるが，どのような実装が行われているかはわからない。しかし，list に用意されたイテレータを使えば，要素がまだあるかを hasNext で調べて，next で取り出すだけで，①と同様の処理が行える。ポイントは，対象の実装に依存せずにやりたいことが書けていることである。

　③は，イテレータをもつクラスに対して，②を簡潔に記述できるようにしたものである。コンパイラは，list がイテレータをもつことから，このステートメントを②のように解釈して実行する。

①	`for (int i = 0; i < array.length; i++){`
	　　　`System.out.println(array[i]);`
	`}`

②	`for (Iterator itr = list.iterator(); itr.hasNext();){`
	　　　`String str = (String)itr.next();`
	　　　`System.out.println(str);`
	`}`

③	`List<String> list;`
	`for (String str: list){`
	　　　`System.out.println(str);`
	`}`

〔1〕 初めのプログラム

① 始まりの固定文字を出力し，指定した1文字を規定回数つなげて出力し，終わりの固定文字を出力する

② 始まりの固定文字列を出力し，指定した文字列を規定回数改行しながら出力し，終わりの固定文字列を出力する

①・②の要求を満たし，**図5.6**のように出力できるプログラムをつくりなさい。

図5.6

①と②は，文章のパターンから見ても，似たようなことをやっていると考えてよい。とりあえず，それぞれの処理を定義すると，**リスト5.5**のようなプログラムになる。上記の出力ができることを確かめてみよう。

リスト5.5 初めのプログラム

```
1    package TemplateMethod.Base;
2    public class Main {
3      public static void main(String[] args) {
4        /* ①: 始まりの固定文字が <<, 指定した1文字が H, 終わりの固定文字が >> */
5        char ch ='H';
6        System.out.print("<<");
```

```
7       for (int i =0; i < 5; i++){
8               System.out.print(ch);
9       }
10      System.out.println(">>");
11
12      /* ② : 始まりの固定文字列が +---+，指定した文字列が Hello,world．
13      終わりの固定文字列が +---+ */
14      String string = "Hello, world.";
15      int width = string.getBytes().length;
16      System.out.print("+");
17      for (int i = 0; i < width; i++) {
18              System.out.print("-");
19      }
20      System.out.println("+");
21      for (int j = 0; j < 5; j++) {
22              System.out.println("|" + string + "|");
23      }
24      System.out.print("+");
25      for (int i = 0; i < width; i++) {
26              System.out.print("-");
27      }
28      System.out.println("+");
29
30      /* ② : 指定した文字列がこんにちは */
31      string = " こんにちは。";
32      width = string.getBytes().length;
33      System.out.print("+");
34      for (int i = 0; i < width; i++) {
35              System.out.print("-");
36      }
37      System.out.println("+");
38      for (int j = 0; j < 5; j++) {
39              System.out.println("|" + string + "|");
40      }
41      System.out.print("+");
42      for (int i = 0; i < width; i++) {
43              System.out.print("-");
44      }
45      System.out.println("+");
46      }
47  }
```

〔2〕 リスト5.5のプログラムを見ると，②に関しては異なる具体値（"Hello,world" と "こんにちは"）を適用している部分は同じ手続きであることがわかる。このように手続きが同じ場合には，手続きをひとまとめにしてメソッド化すれば，プログラムが簡潔になる。それでは，①の手続きはどうだろうか。まったく同じではないが，似たようなことはしている。そこで，箇条書きの要求文を頼りに，メソッドを抽出してみる。しかし，①の要求と②の要求では「文字」と「文字列」の違い[†]から，「同じ意図」の処理を行ってはいるが，具体的なコードは異なっている。そこで，共通のメソッドを抽出することはできないので，ここではメソッドの名前に「同じ意図」＋「A」または「B」と付けておくことにする。下記が要求文から切り出した文であり，＊＊の部分のデータが異なる。

- 始まりの固定＊＊を出力する　⇒　open
- 指定した＊＊を規定回数つなげて出力する　⇒　print
- 終わりの固定＊＊を出力する　⇒　close

〔3〕 ①と②は，操作の対象とするデータが「文字」と「文字列」というように異なるが，〔2〕で述べたように同じ意図の振舞いを行っていることがわかったので，データと「同じ意図」の振舞いの固まりとして扱うことを考える。そこで，対象データと「同じ意図」の振舞いをクラスとして定義する。ここでは文字に関するクラスをCharDisplay，文字列に関するクラスをStringDisplay とする。〔2〕で抽出したメソッドのコードの差分は，データをクラスの属性としたことで，同じシグネチャのメソッド（open, print, close）に変更することができる。例えば，**リスト5.6**のprintA(char c)とprintB(String s)の引数の違いは，それぞれの値をCharDisplayとStringDisplayのフィールドchar chとString stとしてもつことで，引数をなくしている。他も同様である。同じ意図をもつことが同じシグネチャをもつことで表せたが，データによる振舞いの違いは，各クラスのメソッド本体において定義する。

[†] 「文字列」は「文字」の列，すなわち，重複を許す順序のついた集合である。一般に単数に対して複数では繰り返しが必要となり，処理手順が大きく異なる。

リスト 5.6 メソッドの抽出

```
1   public class Main {
2     public static void main(String[] args) {
3       Main m = new Main();
4   /*①: 始まりの固定文字が <<，指定した1文字が H，終わりの固定文字が >> */
5       char ch ='H';
6       m.openA();
7       for (int i =0; i < 5; i++){
8                 m.printA(ch);
9       }
10      m.closeA();
11  /*②: 始まりの固定文字列が +---+，指定した文字列が Hello,world,
12      終わりの固定文字列が +---+ */
13      String string = "Hello, world.";
14      int width = string.getBytes().length;
15      m.openB(width);
16      for (int i =0; i < 5; i++){
17                m.printB(string);
18      }
19      m.closeB(width);
20  /*②: 指定した文字列がこんにちは */
21      string = " こんにちは。";
22      width = string.getBytes().length;
23      m.openB(width);
24      for (int i =0; i < 5; i++){
25                m.printB(string);
26      }
27      m.closeB(width);
28    }
29    private void openA(){
30      System.out.print("<<");
31    }
32    private void printA(char c){
33       System.out.print(c);
34    }
35    private void closeA(){
36      System.out.println(">>");
37    }
38    private void openB(int width){
39      System.out.print("+");
40      for (int i = 0; i < width; i++) {
41         System.out.print("-");
42      }
43      System.out.println("+");
44    }
```

```
45      private void printB(String s){
46          System.out.println("|" + s + "|");
47      }
48      private void closeB(int width){
49          System.out.print("+");
50          for (int i = 0; i < width; i++) {
51              System.out.print("-");
52          }
53          System.out.println("+");
54      }
55  }
```

〔4〕 データによる振舞いの違いを二つのクラスで切り分けたが，二つの間に関係は定義されていない。そこで，二つのクラスの共通部分をまとめてスーパークラスとし，二つのクラスの差分を明らかにする。三つのメソッドは同じシグネチャをもつが，本体の定義はすべて異なっていた。

さらに，Main の処理を見てみる。メソッドのシグネチャが同じになったので，共通の振舞いが見えてくる。四角形で囲まれた部分を見てみよう。メソッドを実行しているオブジェクトの型は異なるが，同じ流れになっている。

そこで，この一連の処理（**リスト 5.7** の Main クラスの 10 行目から 26 行目）をメソッドにして，display と命名する。

リスト 5.7 クラスの抽出

```
1   package TemplateMethod.Ver2;
2   /* クラスの抽出 */
3   public class Main {
4     public static void main(String[] args) {
5       CharDisplay c = new CharDisplay('H');
6       StringDisplay se = new StringDisplay("Hello, world.");
7       StringDisplay sj = new StringDisplay(" こんにちは。");
8
9       c.open();
10      for (int i =0; i < 5; i++){
11              c.print();
12      }
13      c.close();
14
15      se.open();
16      for (int i =0; i < 5; i++){
```

```
17                    se.print();
18          }
19          se.close();
20
21          sj.open();
22          for (int i =0; i < 5; i++){
23                    sj.print();
24          }
25          sj.close();
26       }
27    }
28
29    public class CharDisplay{
30       private char ch;
31       CharDisplay(char c){
32          this.ch = c;
33       }
34       public void open(){
35          System.out.print("<<");
36       }
37       public void print(){
38          System.out.print(this.ch);
39       }
40       public void close(){
41          System.out.println(">>");
42       }
43    }
44
45    public class StringDisplay{
46       private String st;
47       private int width;
48       StringDisplay(String s){
49          this.st = s;
50          this.width = st.getBytes().length;
51       }
52       public void open(){
53          System.out.print("+");
54          for (int i = 0; i < this.width; i++) {
55                    System.out.print("-");
56          }
57          System.out.println("+");
58       }
59       public void print(){
60          System.out.println("|" + this.st + "|");
61       }
```

```
62      public void close(){
63          System.out.print("+");
64          for (int i = 0; i < this.width; i++) {
65              System.out.print("-");
66          }
67          System.out.println("+");
68      }
69  }
```

これにより，二つのクラス CharDisplay と StringDisplay の共通部分は，三つのメソッドと，この display となる。これをスーパークラスとして定義する。これが，**リスト 5.8** の AbstractDisplay クラスである。共通部分は，本体を共通に定義できた display 以外はシグネチャのみが等しいので，抽象メソッドとなる，抽象メソッドを含むクラスであることから AbstractDisplay クラスは抽象クラスである。二つのクラス CharDisplay と StringDisplay はこれを継承するように変更する。結果のプログラムがリスト 5.8 である。この変更により，main メソッドもより簡潔に記述できるようになった。

リスト 5.8 スーパークラス（抽象クラス）の定義（『増補改訂版 Java 言語で学ぶデザインパターン入門』（結城浩 著/SB クリエイティブ刊）より）

```
1   /* スーパークラス（抽象クラス）の定義 */
2   public class Main {
3       public static void main(String[] args) {
4           AbstractDisplay d1 = new CharDisplay('H');
5           AbstractDisplay d2 = new StringDisplay("Hello, world.");
6           AbstractDisplay d3 = new StringDisplay(" こんにちは。");
7           d1.display();
8           d2.display();
9           d3.display();
10      }
11  }
12
13  public abstract class AbstractDisplay{
14      abstract void open();
15      abstract void print();
16      abstract void close();
17      public void display(){
18          open();
19          for (int i =0; i < 5; i++){
20              print();
21          }
```

```
22              close();
23          }
24      }
25
26      public class CharDisplay extends AbstractDisplay{
27          private char ch;
28          CharDisplay(char c){
29              this.ch = c;
30          }
31          public void open(){
32              System.out.print("<<");
33          }
34          public void print(){
35              System.out.print(this.ch);
36          }
37          public void close(){
38              System.out.println(">>");
39          }
40      }
41
42      public class StringDisplay extends AbstractDisplay{
43          private String st;
44          private int width;
45          StringDisplay(String s){
46              this.st = s;
47              this.width = st.getBytes().length;
48          }
49          public void open(){
50              System.out.print("+");
51              for (int i = 0; i < this.width; i++) {
52                                  System.out.print("-");
53                      }
54              System.out.println("+");
55          }
56          public void print(){
57              System.out.println("|" + this.st + "|");
58          }
59          public void close(){
60              System.out.print("+");
61                  for (int i = 0; i < this.width; i++) {
62                      System.out.print("-");
63                  }
64              System.out.println("+");
65          }
66      }
```

5.2 リファクタリングとデザインパターン

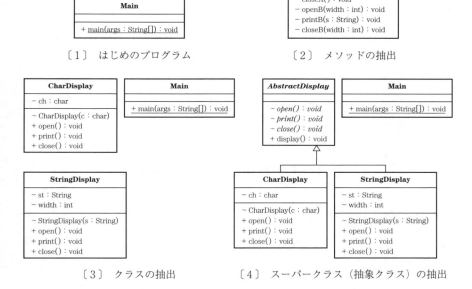

図 5.7 プログラムのクラス図の変化

このように，共通部分を見つけることで，〔1〕〜〔4〕のプログラムのクラス図の構造は，**図 5.7** のように変化した。

〔1〕のプログラムでは，クラスの名前しかわからない。〔2〕はメソッド名があるので，やりたいことの意図は多少意味づけされた。しかし，"A" や "B" と名づけられても，これらの差分の意味はよくわからない。適切な名前を付けるのも難しい。〔3〕では，二つのクラスが異なるフィールドで特徴づけられ，同じ名前のメソッドをもっていることはわかる。しかし，メソッドの名前が同じになっている理由はよくわからない。

〔4〕では二つのクラスがスーパークラスをもつので，これら三つのメソッドは呼出し方，すなわち使われ方が同じであることがわかる。かつ，これらは抽象メソッドなので，定義本体は，ここのデータの特性（フィールドの char

とString）に依存することがわかる．メソッドdisplayは抽象メソッドではないので，二つのクラスに共通の振舞いがあることがわかる．

テンプレートメソッドパターンは，このように振舞いの共通部分を明確にすることができるデザインパターンである．初めの問題文を分析する際に，〔2〕でメソッドを抽出したときのように，共通部分の分析を行うことが重要である．しかし，5.1節で述べたように，どこまでが共通なのかを考える必要がある．

クラス図はシステムの設計図であり，これを読むことで静的な構造を把握することに役立つことが理解できただろうか．

5.3　モデルからのコード生成

4.4節では，小さな問題をモデルからプログラムまでのトレーサビリティを見てきた．ここでは，会議室予約システムのユースケース「認証する」の要求分析モデルからプログラムまでを見てみる．設計したクラス図からスケルトンコードを生成し，シーケンス図に沿ったメソッドの呼出しを定義して，実行してみよう．

ユースケースは，最終的になにかの機能を達成することが目標である．ユー

コーヒーブレイク

再　利　用

　ソフトウェアを開発する場合，同じようなことをやっている場面に出くわすことはよくある．プログラミング言語が提供するAPI（application programming interface）は，プログラミングでよく使用する，アプリケーションに依存しないデータ構造とそのメソッドがクラスとして提供されているものである．われわれは，これを用いることで，アプリケーション固有の振舞いを構築できる．再利用できる理由は，アプリケーションに依存しないからである．アプリケーションの中でも汎用的に使えるクラスを用意できることがある．これをユーティリティクラスと呼ぶ．

スケース「認証」の目標は，システムのもつ資産[†]を守るために，システムが提供する他のユースケース利用の許可を限定し，許可しないものには利用できないようにすることである．許可は，例えば，ユーザを ID とパスワードにより確認することである．このような要求から「認証する」のユースケースとそこに登場するデータを**図 5.8** および**図 5.9** のように定義した．アクティビティ図のアクション「ログインする」は，認証後に他のユースケースを呼び出すアクションである．

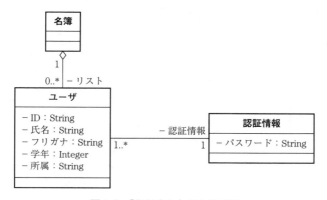

図 5.8　「認証する」のクラス図

　ユースケースは，通常，その機能を提供することでユーザが「＊＊できる」ことになる，と話してきた．そこで，機能に必要な入力をユーザが入力する場合には，誤りがあればやり直しをさせて，適切な入力を得るようにする．

　図 5.9 を見てみると，「認証」ができない場合には，再入力を行うフローになっている．しかし「認証」の場合は，悪意のあるユーザが適当な入力を行い，不当にシステムを利用しようとするのを防がなければならない．

　これは，いわゆるセキュリティ要求の一つである．そこで，ユーザのパスワードだけで確認するのではなく，確認行為の試行回数を認証の成功・失敗の条件とする．**図 5.10** および**図 5.11** のように，フローの追加と試行回数のコン

[†]　システムのエンティティデータのうち，不特定多数のユーザに公開せずに，特定のユーザにのみ公開すべきデータのことである．

186　　5. 設計から実装へ

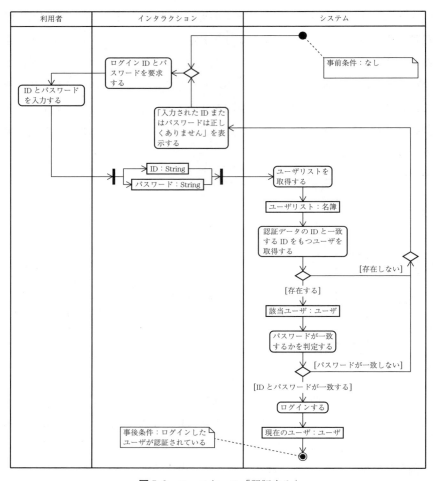

図5.9　ユースケース「認証する」

トロールに必要なデータの追加を行った。入力の試行回数の上限を，{<=3} のように属性の制約として記述している。クラス「ログイン」は，エンティティクラスを知っていてフローをコントロールする意味をもつので，名簿への依存関係をもつものとする。依存関係は点線の矢印で記述されている。これまで見てきた関連のようにクラスが構造的な関係をもつものではないが，「ログイン」は「名簿」を知っていれば仕事ができるという関係である。

5.3 モデルからのコード生成

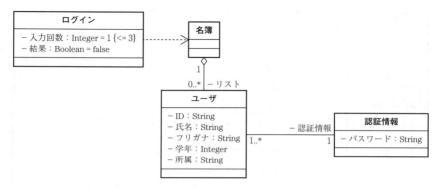

図 5.10 更新したクラス図

　ここでの方法は，認証において必要なユーザの ID とパスワードの入力を許可する回数を設定し，これによりユースケースの成否をコントロールすることである．そこで，ログインの結果は，「成功した」，「失敗した && 入力回数 ≦ 規定回数」，「失敗した && 入力回数 > 規定回数」の三つとなる．このログインの状態に応じて，他のユースケースを実行するか否かが決定する．

　「認証する」のユースケースが定義できたので，設計を行う．まず，図 5.11 のアクティビティ図に対して，図 5.10 のクラス図を基に，**図 5.12** のように，システムパーティションのアクションをクラスに割り当ててみる．

　システムパーティション内のアクションを，クラス図にある「ログイン」，「ユーザ」，「名簿」に分ける．アクティビティ図に登場するオブジェクトノードが，分類の手掛かりである．ユースケースをコントロールする意味で定義した「ログイン」に，画面から呼び出される振舞いを割り当てた．

　四角形で囲まれた部分が，入力と出力の画面，すなわちバウンダリとなる．

　つぎに，これまでにも示してきたように，アクティビティ図からシーケンス図へのマッピングを行い，クラス図に従いシーケンス図を詳細化する．ここではコントロールクラスの名前をクラスの構成から「ログイン」とする．**図 5.13** がクラスに操作を割り当てたシーケンス図である．

　シーケンス図を用いる目的は二つあった．一つは，アクションで書かれた振舞いをクラスの操作に割り当てることにより，アクティビティ図のフローが，

188   5. 設計から実装へ

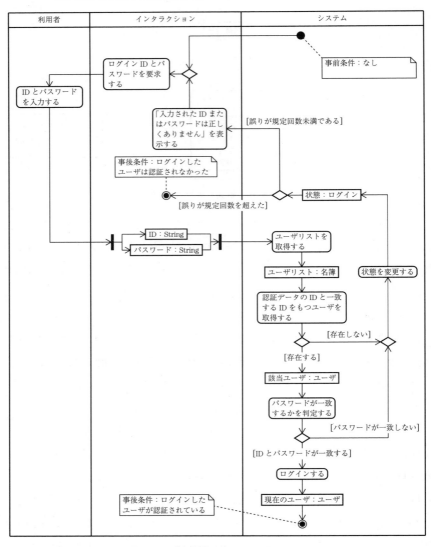

図 5.11 「認証する」のコントロール

各クラスのメッセージシーケンスにより実現できることを確認することである．もう一つは，オブジェクト間でデータを受け渡すことができるように，メソッドのシグネチャを決定することである．

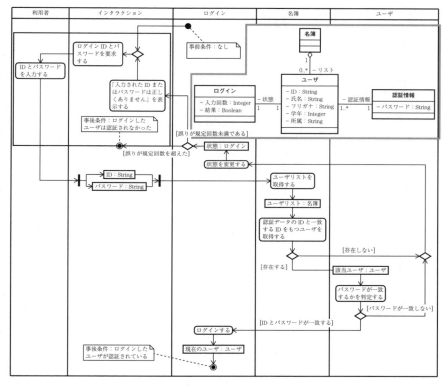

図 5.12　「認証する」の設計

　とはいっても，すべてのシーケンスを書いていると，読めないシーケンス図ができてしまうということがあり，分析の目的からいうと，本末転倒である。二つの目的が達成されるように，考えながら使ってみよう。

　図 5.13 では，ほとんどのメソッドがアクティビティ図のアクションと対応している。点線の四角形で囲まれたシーケンスは，クラス図の「ユーザ」と「認証」の関係から分割したものである。

　つぎに，メッセージの受渡しを検討し，各メソッドのシグネチャを決定する。結果のクラス図が，図 5.14 である。

　このクラス図と対応する詳細化したシーケンス図が，図 5.15 である。この図では，ログインクラスが，3, 4 のメッセージのように，戻り値を変数に格納

190   5. 設計から実装へ

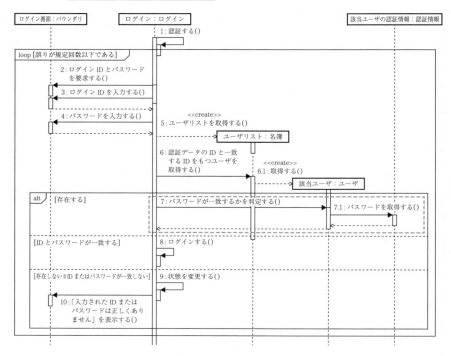

図 5.13　シーケンス図

し，その値を 6 のメソッドの引数，7 のメソッドの引数に用いていることがわかる．分岐の条件はそれぞれ**表 5.4** のとおりである．

　ここまでのクラス図とシーケンス図からプログラムを定義してみよう．UML モデリングツールには，クラス図からスケルトンコードを生成する機能がある．これを使って，フィールドとメソッド情報が入ったソースコードを得る．このとき，クラスの関連の方向性を決めておかないと，余分なフィールドを生成することになるので，方向性をよく考えておく必要がある．**リスト 5.9** が作成したプログラムである．クラス図における関連は，クラスに対して誘導可能なクラスをそのロール名で当該クラスの属性としている．例えば，68 行目の属性「認証情報」や 94 行目の属性「リスト」と，クラスとの関連を確認してみよう．点線矢印の依存関係はスケルトンコードの属性に出てこないの

5.3 モデルからのコード生成   191

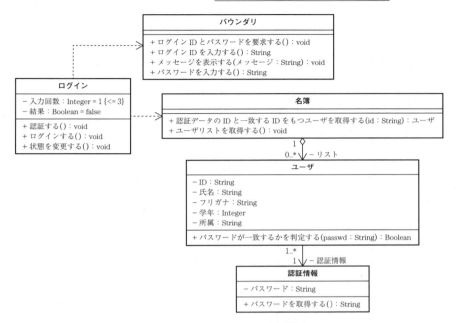

図 5.14　クラスへのメソッドの割当て

で，追加する．

　定義本体は，図 5.15 のシーケンス図のメソッド呼出しに従って，そのまま定義する．ここでは，シーケンス図の定義より，ログインクラスの「認証する」メソッドの中で，すべてのメソッドシーケンスが構成される．条件は，表 5.4 に従い，loop は while 文，alt は if 文として定義した．対応関係を確認しよう．

　また，生成時にパラメータが必要なコンストラクタは定義している．ユーザクラスと認証クラスを見てみよう．

　シーケンス図の流れで実行できているかを確認するために，12 行目，36 行目などのように，各メソッドの定義本体に，呼出しがわかるようにプリント文を記述する．また，実行できるように，データを埋め込んである．97 行目で，固定のデータのユーザオブジェクトを生成することで，58 行目で入力としたパスワードとの一致が判定できている．コンパイルして，実行してみよう．

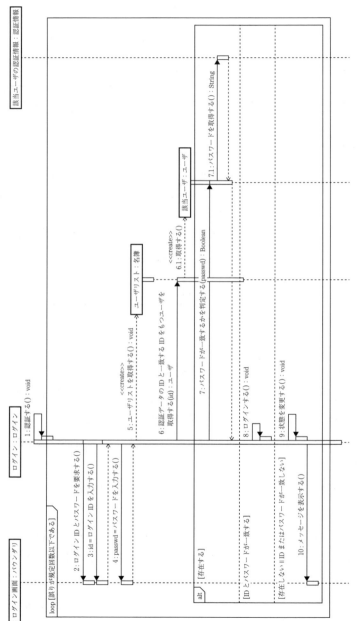

図 5.15 シグネチャの決定

5.3 モデルからのコード生成

表5.4 制 御 の 条 件

条件	判定
存在する	「該当ユーザ：ユーザ」が null ではない
ID とパスワードが一致する	パスワードが一致するかを判定する(passwd) = true
存在しない ‖ ID またはパスワードが一致しない	「該当ユーザ：ユーザ」が null ‖ パスワードが一致するかを判定する(passwd) = false
誤りが規定回数（=3）以下である	「ログイン：ログイン」の属性「結果」が false && 属性「入力回数」が 3 以下

リスト5.9 クラス図とシーケンス図から作成したプログラム

```
1   public class ログイン {
2     private Integer 入力回数 = 1;
3     private Boolean 結果 = false;
4     private ユーザ ユーザ ;
5     private バウンダリ バウンダリ ;
6     private 名簿 名簿 ;
7     public static void main(String[] args){
8       ログイン ログイン = new ログイン();
9       ログイン.認証する();
10    }
11    public void 認証する() {
12      System.out.println(" 認証する()");
13      バウンダリ = new バウンダリ();
14      while(this.結果 ==false && this.入力回数 <=3){
15          バウンダリ.ログイン ID とパスワードを要求する();
16          String id = バウンダリ.ログイン ID を入力する();
17          String passwd = バウンダリ.パスワードを入力する();
18          名簿 = new 名簿();
19          名簿.ユーザリストを取得する();
20          ユーザ = 名簿.認証データの ID と一致する ID をもつユーザを取得する(id);
21          if ( ユーザ != null){
22              this.結果 = ユーザ.パスワードが一致するかを判定する(passwd);
23              if (this.結果 == true){
24                  this.ログインする();
25              } else {
26                  this.状態を変更する();
27                  バウンダリ.メッセージを表示する(" 入力された ID またはパスワードは正しくありません ");
28              }
29          } else {
30              this.状態を変更する();
31              バウンダリ.メッセージを表示する(" 入力された ID またはパスワード
```

```
32            は正しくありません ");
33          }
34        }
35      public void ログインする(){
36          System.out.println(" ログインする()");
37      }
38      public void 状態を変更する(){
39          this.入力回数 +=1;
40          System.out.println(" 状態を変更する()"+" 入力回数 =" + this.入力回数 );
41      }
42    }
43
44    public class バウンダリ {
45     public void ログイン ID とパスワードを要求する(){
46          System.out.println(" ログイン ID とパスワードを要求する()");
47     }
48     public String ログイン ID を入力する(){
49          System.out.println(" ログイン ID を入力する() ⇒ " + "BP00000");
50          return "BP00000";
51     }
52     public void メッセージを表示する(String メッセージ ){
53          System.out.println(" メッセージを表示する(String メッセージ )");
54          System.out.println( メッセージ );
55     }
56     public String パスワードを入力する(){
57                  System.out.println(" パスワードを入力する() ⇒ " + "BP00000");
58                  return "BP00000";
59     }
60    }
61
62    public class ユーザ {
63      private String ID;
64      private String 氏名 ;
65      private String フリガナ ;
66      private Integer 学年 ;
67      private String 所属 ;
68      private 認証情報 認証情報 ;
69      ユーザ(String id, String name, String kana, Integer grade,
                  String dep, String passwd){
70          this.ID = id;
71          this.氏名 = name;
72          this.フリガナ = kana;
73          this.学年 = grade;
74          this.所属 = dep;
```

```
75        this.認証情報 = new 認証情報(passwd);
76      }
77      public Boolean パスワードが一致するかを判定する(String passwd) {
78        String pw = this.認証情報.パスワードを取得する();
79        System.out.println(" パスワードが一致するかを判定する()");
80        return pw.equals(passwd);
81      }
82    }
83    public class 認証情報 {
84      private String パスワード ;
85      認証情報(String passwd){
86        this.パスワード = passwd;
87      }
88      public String パスワードを取得する() {
89        System.out.println(" パスワードを取得する() ⇒ "+ this.パスワード );
90        return this.パスワード ;
91      }
92    }
93    public class 名簿 {
94      private ユーザ[] リスト ;
95      public ユーザ 認証データの ID と一致する ID をもつユーザを取得する(String id) {
96        System.out.println(" 認証データの ID と一致する ID をもつユーザを取得する()");
97        return new ユーザ ("BP00000"," 名前 "," カナ ",1," 学科 ","BP00000");
98      }
99
100     public void ユーザリストを取得する() {
101       System.out.println(" ユーザリストを取得する()");
102       this.リスト = new ユーザ[1000];
103     }
104   }
```

　実行結果は，つぎのとおりである．ここでは，固定の ID とパスワードに対して「パスワードが一致するかを判定する」メソッドが，97 行目のようにユーザオブジェクトを生成していることから，成功しているのがわかるので，下記のようにログインできる．成功しないように，どこのデータを書き換えればよいかを考えてみよう．

```
>java ログイン
認証する()
ログイン ID とパスワードを要求する()
ログイン ID を入力する() ⇒ BP00000
```

```
パスワードを入力する() ⇒ BP00000
ユーザリストを取得する()
認証データの ID と一致する ID をもつユーザを取得する()
パスワードを取得する() ⇒ BP00000
パスワードが一致するかを判定する()
ログインする()
```

　それでは実際に入力して，成功の場合も失敗の場合も試せるようにするには，どうしたらよいだろうか．

　一つには，ユーザとインタラクションパーティションのアクションを詳細化し，入力インタフェースを設計する方法がある．もう一つは，「ユーザリストを取得する」メソッドで取得する「名簿」のデータを用意し，そのデータを用いて処理することである．

　1 番目については，4.6 節で述べたように，入出力の方法は多様である．今回は，バウンダリクラスにある「入力する」を CUI で考える．

　2 番目については，永続化したデータの取得の問題である．本書で事例とした会議室予約システムや図書貸出システムは，複数のユーザが継続的に利用するシステムである．そこで，エンティティデータはこれを保存して，ユーザの利用ごとにデータを更新する必要がある．これらのデータは，外部のファイルやデータベースに保存し，読み書きを行えるようにする．

　長方形エディタの場合は，通常は，編集後に終了してもデータは残らないので，つぎに起動したときにはボード上にはなにもない状態である．しかし，終了前にデータをファイルに書き出し，起動時にファイルから読み込んだデータで初期化を行えば，継続した編集が可能になる．「認証する」におけるエンティティデータは，「名簿」である．図 5.14 を思い出してみよう．「名簿」は「ユーザ」の集合であり，「認証情報」はユーザに含まれる．そこで，外部のファイルで作成したデータを読み込んで，「名簿」の属性の「ユーザ [ ] リスト」を，ファイルからデータを読み込んで作成することが必要になる．

　キーボードから ID やパスワードを入力できるように，つぎの入力のクラス

5.3 モデルからのコード生成

を使用する．このときのシーケンス図およびクラス図の拡張は，**図 5.16** のようになる．4.6 節でも説明した Input クラスをバウンダリクラスから使用する．シーケンス図の丸印の部分が追加されたメッセージシーケンスである．ここで，Input クラスのメソッド「String inputString(prompt:String)」が，**リスト 5.10** の 23 行目のように，「ログイン ID とパスワードを要求する」で行うべき要求項目のユーザへの提示を行っている．そこで，シーケンス図からは，このメッセージを除いている．このクラスを追加し，**リスト 5.11** のようにバウンダリクラスを変更した後，コンパイルして実行することで，想定どおりの動作ができるかを確認しよう．ここでは，入力方式を，プログラム内部に固定で定義する方式から，キーボードから繰り返し値を入力できる方式に変更した．ク

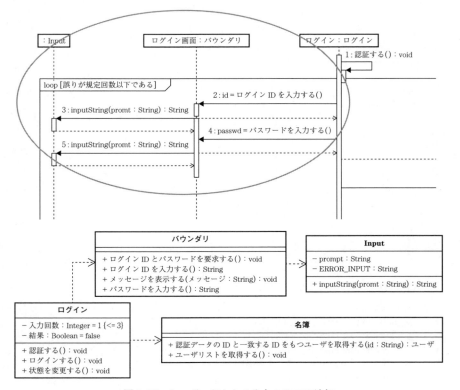

図 5.16 キーボードからの入力クラスの追加

5. 設計から実装へ

リスト 5.10 キーボードからの入力を要求し，入力するクラス

```
1   import java.io.*;
2   public class Input{
3    private String prompt;
4    private final String ERROR_INPUT = "Input Error";
5    private void setPrompt(String prompt){
6        this.prompt = prompt;
7    }
8    private String input() throws IOException{
9        String line;
10       BufferedReader reader =
11           new BufferedReader(new InputStreamReader(System.in));
12       line = reader.readLine();
13       return line;
14   }
15   /**
16    * 文字列の入力
17    * 引数で与えられたメッセージを出力後，キーボードから入力された文字列を返すメ
        ソッドである。入力における例外は発生した場合には，再入力を促す。
18    * @param String prompt : 入力を促すメッセージ
19    * @exception Exception : 入力が失敗した場合の例外を処理する
20    */
21   public String inputString(String prompt){
22       this.setPrompt(prompt);
23       System.out.println(this.prompt);
24       try{
25                String n = this.input();
26                return n;
27                }
28       catch (Exception s){
29                System.out.println(ERROR_INPUT);
30                return this.inputString(prompt);
31       }
32   }
33  }
```

リスト 5.11 バウンダリクラスの変更

```
1   public class バウンダリ {
2      Input input = new Input();
3      public String ログインID を入力する() {
4         String id = input.inputString(" ログイン ID を入力してください ");
5         System.out.println(" ログイン ID を入力する() ⇒ " + id);
6         return id;
7      }
```

```
 8          public void メッセージを表示する(String メッセージ ) {
 9              System.out.println(" メッセージを表示する(String メッセージ )");
10              System.out.println( メッセージ );
11          }
12          public String パスワードを入力する() {
13              String passwd = input.inputString(" パスワードを入力してください ");
14              System.out.println(" パスワードを入力する() ⇒ " + passwd);
15              return passwd;
16          }
17      }
```

ラスとしては，その機能をもつクラス Input を追加し，方式を定義しているバウンダリクラスのメソッドの定義本体を変更した．なお，要求項目の提示については，リスト 5.9 の 15 行目を除いている．

名簿クラスの「ユーザリストを取得する」メソッドを，データをファイルから読んでオブジェクトを生成するように定義し，入力された id で検索すれば，いろいろなデータで確認することができる．名簿クラスの「認証データの ID と一致する ID をもつユーザを取得する(String id)」メソッドを，生成したデータを検索するように定義する．例として，CSV（comma separated values）ファイルでデータを生成し，それを利用することにする．これで，いろいろなデータで試してみることができるので，一度試してみるとよい．付録に追加のプログラムを示すので，トライした後で比較してみよう．

5.4 考　　察

本章では，理解や，再利用が容易なプログラムを作成するために，プログラムの共通部分について説明した．さらに，小規模な例で，モデルを忠実にコード化する手順と，API を使ってメソッドの内部を具体的に定義することで，動作可能であることを説明した．要求分析，設計を経て定義した振舞いモデルに対して，ターゲットとする言語の API を使用して，メソッドの本体を定義する．各メソッドのシグネチャとその呼出し系列が設計されていることにより，メソッド単位の定義となる．設計の段階で，シグネチャを決定する際に，ユー

スケースの事前条件，事後条件を考慮した．情報を正しく伝えるために，UMLのモデル要素だけでは書けない分析結果や決定事項を，整理する工夫が必要である．本書で用いているモデリングツールでは，モデル要素の「定義」欄にコメントを書くと，スケルトンコード生成時にドキュメンテーションコメントとして挿入される機能がある．メソッドの事前条件や事後条件をここに記すとよい．

　モデルはプログラムのように動作しないが，プログラムに比べて読みやすい．その理由は，モデルは，ある観点で定義をしているからである．プログラムは，要求分析から設計の過程を経て，すべての要件を満たすように定義された結果である．いろいろな意図が一つの形になっているので，全部を頭から見ていっても，理解することが難しくなる．

　異なる観点で，段階的に問題をとらえることで，最終的なプログラムのどこを読み取って理解すればよいか，ということも見えてきただろうか．

　1章でも述べたとおり，ソフトウェアは人々の要求から出発し，その解決策をプログラムとして実現した後も，その役目を終えるまで新たな要求を取り入れて進化し続ける．そのためには，本書で述べてきたとおり，モデルからのトレーサビリティを確保できるように，プログラミングの課題を考えるときも，モデルで検討してからプログラムを書くようにしてほしい．

6 役に立つ UML モデリングへ向けて

本章では,これまでに説明したモデリングの考え方にはどのような原則があるかを,振り返ってみる。そうした原則に則(のっと)った開発から,ソフトウェア開発における面倒で骨の折れる作業を避けて開発するための,ヒントになる考え方を紹介する。

6.1 モデリングの原則

プログラミング言語が,コンパイラによりコンパイルすることでコンピュータ上で動作するようになることは,誰でも知っている。アセンブリ言語は,コンピュータのハードウェア構造に依存した命令体系であり,われわれが数学でなじんだ計算を定義するにも,やりたいことを適切な表現にするための労力がかかり,かなりたいへんである。高級言語と呼ばれるプログラミング言語が台頭し,コンパイラが成熟してきたことにより,コンピュータへの指示書は大分書きやすくなってきた。とはいえ,プログラミング言語という道具だけで,要求されているソフトウェアのすべてを誤りなく書くことは困難である。それゆえ,指示書は,要求をきちんと満たすように,誤りのない手順として定義したいものである。これまでも見てきたように,問題解決の手段をもたないと,大規模で複雑なシステムを,要求を満たすように効率よくつくることはできない。プログラムは,要求分析から設計の過程を経て,すべての要件を満たすように定義された結果の産物(プロダクト)である。いろいろな意図が一つの形になっているので,これがつくられた過程をたどれるトレーサビリティをもつ

ことで，開発者以外にもその仕組みを理解できるようにしなければならない。

モデリングとは，対象を表す模型（モデル）によって，対象のある側面をわかりやすくとらえる作業であると述べた．ソフトウェア工学が始まったころから，工学の原則として，つぎの項目が述べられている．

- モジュール化（modularity）
- 漸増的開発（incrementality）
- 抽象化（abstraction）
- 変化の予測（anticipation of change）
- 問題の一般化（generality）
- 厳密化・形式化（rigor and formality）
- 関心の分離（separation of concerns）

本書で述べてきた UML を用いたモデリングの考え方は，どの項目に当てはまるだろうか．

オブジェクト指向では，データと操作の一体化した<u>クラスというモジュール</u>を開発の単位として，ここの責務を明確にすることを行っている．

要求分析から実装まで，クラス図を基盤にトレーサビリティをもつように<u>漸増的</u>に開発を進める．ユースケースをアクティビティ図で定義する際には，事前条件と事後条件の下に，ユースケースの目的を達成する基本フローを考え，アクションとデータの関係の観点から，フローの妥当性を確認した．フローにおいて，例外の発生する条件から，例外フローを段階的に構築し，データの不変条件による，<u>ユースケース全体にまたがる</u>，例外処理の妥当性を確認した．

設計の段階では，アクティビティ図の振舞いをクラスに割り当てるマッピングを行い，ユースケースの事前条件・事後条件を考えながら，シーケンス図を使って，メソッドのシグネチャの<u>厳密化</u>を行う．

問題を解くときに，<u>一般化</u>は重要である．プログラムはデータを処理する演算の系列であるから，同じような処理はメソッドに，独立して使えそうなデータと処理はクラスとして分離する．例えば，4.4 節で紹介した線分のプログラムを考えてみる．線分の定義に出てくる点というクラスは，長方形エディタの

6.1 モデリングの原則   *203*

端点や，いろいろな図形の起点としても共通に使える．点に関することはすでに定義してあれば，再利用することができる．

　Java での入出力は IO の API を理解する必要があるので，**Reader クラスや **Writer クラスの定型的な書き方をコピーし，必要なところに同じコードを挿入するという書き方をしている人がいる．とりあえず機能はするが，プログラムとしては重複コード片が何箇所にも生じており，問題である．そこで，例えば本書で示したように，入力のいくつかの基本的な使い方（入力の要求をして，その型に適合する値が入力されるまで繰り返す）を定義しておくと，いろいろなところに使えて便利である．こうすることで，インタフェースや抽象メソッドのような<u>抽象化</u>と，<u>変化するところと変化しないところの見極め</u>に大いに役立つだろう．

　<u>変化の予測</u>の一つとして，本書では，要求分析の段階から，ユーザとシステムの境界におけるアクションの役割を意識した．これにより，システムのもつべきエンティティと，実現するアーキテクチャに依存する入出力を，その役割ごとに整理することができた．これは，設計においても，バウンダリとコントロールのクラスを用いたマッピングをわかりやすくすることができた．また，5.3 節で示したように，多様な実現方法があるインタフェースを実装する際にも，エンティティへの影響をほとんどなくすことができることがわかった．

　初めから抽象化の考え方を用いるのは，難しいこともある．ユースケースは，達成したい具体的なシナリオを実現する機能である．クラスは具体的なオブジェクトの関係を関連により定義したものである．本書で示したように，定義が見えてきていないときや定義を確認する際には，具体的な状況を表したシナリオやオブジェクト図を使って，そこから<u>得られる規則を見つけてみる</u>ことが大切である．

　このように，抽象と具象の間を行き来して考えることで，解決手段を一般化し，他の問題においても適用できるようになることがたくさんある．クラスやメソッドそのものを再利用するだけでなく，5 章で述べたように，共通部分を整理することで，よく使われる問題解決方法を一般化できた．イテレータやテ

ンプレートメソッドパターンのようなデザインパターンを用いて，再利用が容易な構造をつくることができる．

会議室予約システムの分析の際には，基本的なシナリオから分割統治や段階的詳細化の際に，非機能要求の観点から分析を行い，予約ができない条件を見つけ出した．同じものを別の観点の要求で分析するということである．これは一つの関心事の分離の観点であり，複雑化を避ける手段である．

本書で述べたモデリングの方法は，このように，工学の原則に則った考え方である．原則は，日々の開発における規範であるが，具体的にどの場面でどのように使うのかがわからないと困るだろう．本書では，概念的な原則ではなく，具体例の中でその原則を示してきた．もう一度，事例をたどりながら考えてみてほしい．そして，実践してみてほしい．

また，UML を用いてモデリングをしてきたが，UML だけですべての考えを定義できるわけではない．また，トレーサビリティは，定義する人が実際に確認しなければならない点に注意が必要である．

モデリングの観点を整理することで，解決しなければならない問題を整理できるようにはなるが，こうした確認作業は，やはり面倒で骨の折れる作業である．よいサービスをつくるために要求を試行錯誤して定義することは，人の知恵を使わなければならない作業ではあるが，われわれの作業を支援するさらなるヒントについて，つぎに見ていこう．

6.2　モデル駆動開発と関連技術

モデリングツールには，モデル要素間の対応を管理する仕組みや，整合性を保つための支援がある．例えば，シーケンス図のメッセージとクラスの操作の対応をつけることができるため，クラス図において，クラスの属性や責務を考えながらシグネチャを決定し，その後，それを反映したシーケンス図上でメッセージの流れを確認することができる．

さらに，トレーサビリティはモデルとモデルのつながりの規則であるから，

これを定義して，モデルからモデルへの変換を行うという操作も可能である。

ある観点でモデルを定義し，特定の規則で変換することで，トレーサビリティのとれたモデルを得るというアプローチがある。OMG（Object Management Group）が仕様策定を行っている MDA（model driven archtecture）[5] である。MDA では，PIM（platform independent model）と呼ばれる，実装技術に依存しないドメインのモデルから，データベースモデルや，特定のフレームワークなどの実装技術に依存したモデルである PSM（platform specified model）へ変換を行うことで，最終的に特定の言語のプログラムを自動生成する技術である。これまでのコンパイラと対比してモデルコンパイラと呼ばれている。データベース技術やフレームワーク技術の成熟により，このレベルの変換は現実的となった。この技術も，抽象化，関心事の分離，変化の予測，漸増的開発といった原則に則った考え方である。

しかし，MDA を利用するためには，プログラムが生成できる程度に厳密なモデル定義が必要である。さらに，モデルを変換する規則の厳密な定義が必要である。さらに重要なことは，プログラムの基となるモデルが，要求を満たすモデルである必要がある，という点である。

厳密化の方法の一つとして，本書でも用いた OCL（Object Constraint Language）[6] がある。UML ではメタモデルが定義されている。UML は言語であり，言語のメタモデルは，言語の中で使用できる概念を定義したものである。例えば，UML のクラスは名前と属性と操作から構成される，といった概念がメタモデルには定義されている。

OCL は，メタモデル定義に基づき，UML のモデル要素間の制約により UML の整合性を記述する言語である。本書では，要求分析モデルを記述する際に，データの型を定義するために用いている。

図 6.1 は，OCL の型を表している。要求分析の段階では，四つの基本型，集合を表すコレクション型，定数を表す列挙型を用いれば，モデルを定義するには十分である。集合の性質としては，重複の有無と順序関係があり，この組合せで 4 種類の型がある。Bag が重複あり，順序関係なし，Set が重複なし，

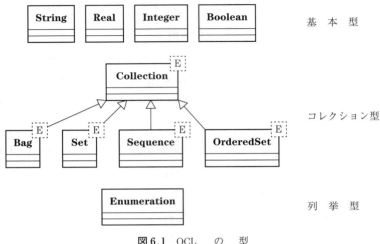

図 6.1　OCL　の　型

順序関係なし，Sequence が重複あり，順序関係あり，OrderedSet が重複なし，順序関係ありである．対象データの特徴をこれで表現し，実装時に適切な API を選択すればよい．重複の有無や順序関係の有無は，集合の操作を決める前提となるので，分析段階で，対象データの特徴を見極めるとよい．ただし，この段階では，Java の基本型やコレクションのような型の違いを，議論する必要はないことに注意しよう．

　OCL は，数学的な集合論と述語論理に基づいているので，属性の制約やクラス図における属性の関係，クラスの不変条件やユースケースの事前条件および事後条件を，クラスの定義を用いて厳密に記述することに適している．

　例えば，4.6 節で示した長方形エディタの不変条件は，OCL では以下のように記述できる．ボードについて，「はみ出さない」という不変条件（inv）を表している．定義は，ボード内のすべての長方形に対して，|の後ろにある論理式が成り立つという意味である．self はボード自身を，x.y は，クラス x の属性 y を表している．

```
context　ボード
inv　はみ出さない：
forAll( 長方形 | 長方形.x>=0 and 長方形.y>=0 and 長方形.x 長方形.x + 長方形.幅 < self.
```

| 幅 and 長方形.y + 長方形.高さ < self.高さ

　厳密にといわれると，少々面倒な気がする。また，分析の段階で，対象がよくわかっていないときに，言語を使って定義しようと考えるのは得策ではない。本書でも，長方形の定義が見えてきて，その定義を使って条件を説明してみよう，というときに必要になる。特にクラス図で構造を考えたときには，要求としてはわかっているのに，クラス図の要素としては書けない場合に，属性の関係として定義できるかを考えてみよう。まずは，上記の例のように，自然言語で定義してみてもよい。集合論と述語論理の概念がわかっていれば，後は文法に従えばよい。

　モデルを変換できるようにするため，厳密化を行うためには，要求をすべてなんらかの定義として残さなければならない。1章で述べたように，機能要求以外の非機能要求は，どのように定義されるだろうか。最終的には，機能の中に埋め込まれるか，認証のように一つの機能として追加される。機能の中に埋め込まれる場合には，最終的なプログラムにおける扱い方が問題となる。

　アスペクト指向[7]は，オブジェクト指向で分析したクラス間に横断的にまたがる関心事を，モジュール化する方法として登場した。昨今，オブジェクト指向の実用的なプログラミング言語[8]も数多く登場しているので，横断的関心事のモデルをこうした言語に変換することも考えられる。また，新しい言語を覚えるのか，と思う人もいるかもしれない。しかし，これは実装できている道具があるということなので，変換すれば，実行できるかもしれないということである。問題は，アスペクト的に，関心事を分離するモデリングをいかに行うかということである。

　例えば，セキュリティ要求の中で，アクセス制御を考えてみる。これは，権限に応じてシステムのもつデータや機能へのアクセスを制限することで，データの保護を行うことを目的とする。ユースケースに登場するデータを保護するために，アクターやデータの属性に応じてアクションフローを制限したいときには，データの属性に応じた条件によってフローを分岐しなければならない。

データの不変条件と同様に，これもユースケースをまたがる関心事であり，モデルを複雑化させる要因である。

このような関心事を扱う方法の一例として，モデルを利用したつぎのような研究[9]がある。

セキュリティの規則は，システム固有ではなく，さまざまなシステムに共通に必要なものである。こうした共通の規則として，情報セキュリティの国際評価基準（ISO/IEC15408）[10]がある。ここに定義されているアクセス制御に関するセキュリティ機能方針をモデル化すると，図 6.2 の左側のモデルのようになる。このモデルは，「SFP（セキュリティ機能方針）は複数の規則から構成さ

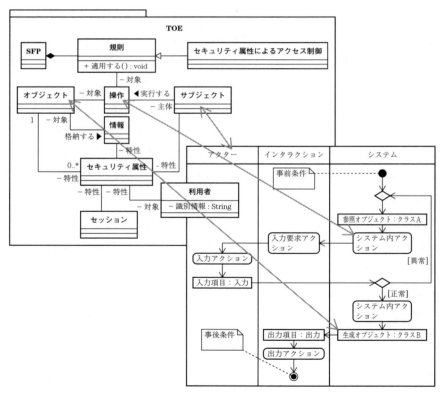

図 6.2　アクセス制御のモデル

れており，規則はあるサブジェクトが実行主体となる操作に対して適用される。操作はオブジェクトをその対象とし，規則はサブジェクトとオブジェクトの特性として定義されるセキュリティ属性によって制御される」ということを表している。さまざまなシステムに適用できるように一般化した記述になっているので，対象のシステムに当てはめて解釈する必要がある。

　そこで，対象システムは，本書で紹介したモデルであると考える。すなわち，セキュリティの対象となるシステムのユースケースは，右下のモデルが基本形となる。ここで，アクティビティ図において，SFP で制御対象となり得る操作にはアクションが，操作の実行主体であるサブジェクトにはアクターが対応する。さらに，操作の対象であるオブジェクトはオブジェクトノードとして定義されている。このようなマッピングを考えることで，対象システムの SFP をサブジェクト・操作・オブジェクト・サブジェクトのセキュリティ属性・オブジェクトのセキュリティ属性からなる規則の集合として定義することができる。

　このような対応は，アクセス制御を行いたいユースケースであれば，どの場合にも適用できる横断的関心事である。そこで，こうした要求は，対象のシステムのモデル内に一緒に定義するのではなく，要求自体の管理方法を工夫する必要がある。

　工学の原則は，ソフトウェア工学の発展に伴い，ソフトウェアを開発する際の暗黙知としての利用から，少しずつ形式知としての利用に移項するようになった。ここでの暗黙知と形式知の意味は，ソフトウェアのプロダクトおよびプロダクトを開発するプロセスにおける知識の形式化の違いである。形式知となることで，系統的なレビューや形式的な検証，コード生成の自動化が可能になる。さらに，確認作業は，コンピュータが肩代わりしてくれる可能性を秘めており，便利である。

6.3 ま　と　め

本書で用いた事例は，筆者が芝浦工業大学システム理工学部電子情報システム学科で，講義，演習，実験で用いてきた課題である。

会議室予約システムは，学部3年生の後期に，6〜7人程度のグループで開発する課題であり，全体の3分の2くらいをかけてUMLによるモデリングとレビューを繰り返し，最終的にはWebアプリケーションまたはAndroidアプリケーションとして実装を行っている。バウンダリとコントロールクラスからの設計を行うには，Webアプリケーションのフレームワークや Androidのフレームワークを理解し，必要な入出力や使用性を考慮して設計する必要がある。要求分析，設計の段階でなにをどのようにつくっていくべきかの理解を深めていきながら，最終的にはある程度の規模の複雑なシステムでもなんとか実装にこぎつけることができている。

長方形エディタは，学部3年生の前期に行う演習であり，2章で述べた要求から，まずはCUIで開発し，できたところで長方形に色を付けるという機能拡張を行う。ここでは，5.1節で述べたように，継承が使える。つぎに，出力のみを GUI 化する。ここで，出力とエディタのロジックを切り分けておかないと，修正がたいへんになる。入力をGUI化する前に，プログラムのリファクタリングが必要である。最終的には入力も4.6節で説明した二つの方法から好きなほうを選んで実装する。学生は，この時点ではUMLを学習していないため，演習では，ヒントとしてアクティビティ図を使ったユースケースの説明を行う。課題文から直接プログラムを作成するため，入出力の切り分けが行われていない学生が多く，GUI化で苦労している。やはり，変化するところ変化しないところを見極めながら，モデルによる設計を行うことは重要である。

この演習では，UMLモデリングの代わりに，プログラムと同時にテストケースを作成することを課題としている。例えば，つぎのように考える。

長方形エディタでは，ボードは 500×400 の大きさをもち，座標は x 座標

も y 座標も 0 以上である．このとき，要求文から create というコマンドがうまく動作することをテストするには，「ボード上に長方形が一つもないときに，コマンド create の入力値として，幅 100, 高さ 100, x 座標 10, y 座標 10 を与えると，この値の属性をもつ長方形がボード上にできる」ことを確認すればよい．さらに，この操作の後に，「move コマンドを選択し，この長方形と移動値として 400, 100 を入力するとはみ出しのエラーになる」といったテストケースをつくって，プログラムを確認する．

このようなテストケースを考えることは，うまくいくケースである基本フローに対して例外の発生要因を加味して例外フローを考える，という要求分析をしているのとほとんど同じであることに気が付いただろうか．

ソフトウェア開発の学習では，まずプログラミング言語を習うことから始める．道具をもたないことには開発にならない．しかし，コンピュータへの指示書を書く道具があっても，どんな指示書を書いたらよいかは，結構難しい問題である．リファクタリングできるということは設計できるということに通じる．本書では，プログラムとモデルの関係も紹介したので，事例にトライして，モデリングの原則を実践してほしい．それが，役に立つ UML モデリングの第一歩となる．

本書において説明したかった「役に立つモデル」はつぎのようなものである．

- 共同作業する人の共通認識を表し，同じように読めるモデル．
- 各段階でのモデル間での整合性がとれているモデル．
- 振舞いを踏襲したモデルの構造が，そのままプログラムとして動作するモデル．
- 系統的なレビューや形式的な検証，コード生成の自動化が可能になるような土台となるモデル．

問題解決の手段をもたないと，大規模で複雑なシステムを，要求を満たすように効率よくつくることはできない．本書で示したように，分割統治，段階的詳細化により問題解決を行う過程で，自然言語よりは形式化された道具である UML を活用して，問題解決の一助となることを願っている．

付　　　録

A.1　UML モデリングツール

　本書では，UML モデリングツールとして astah[11] を用いている。モデリングツールは，モデルを定義することはもちろんであるが，ソースコードをリバースしてその構造を確認することや，本書で示したように，モデルからスケルトンコードを生成して活用することができる。

　astah では，モデルを作成する単位をプロジェクトと呼び，この中にさまざまなモデルを定義する。どのような文書やプログラムでも同じことではあるが，整理して管理することが大切である。大規模で複雑なものを扱う際には，段階的詳細化と分割統治が重要であると述べた。本書でも，各段階において，複数のモデルを組み合わせて問題解決を図ってきた。プロジェクトの中を，パッケージ単位や，ユースケース単位でモデル要素を整理し，つぎの段階は，そのモデルを複製して活用するとよい。そのためにも整理することを心掛けよう。

　ツールでは，デフォルトで java のパッケージがあり，Java のクラスを参照することができる。しかし，要求分析段階では，本書でも示したように，特定の言語の型を用いることには向いていない。そこで，図 6.1 に定義された OCL のパッケージを利用するとよい。OCL パッケージのつくり方と利用方法は，つぎのとおりである。

1) astah を起動し，プロジェクトを新規に作成し，そこにパッケージ ocl を作成する。パッケージ内に，図 6.1 のクラス図を作成して，ocl-template.asta として保存する。

2) astah を起動して，自分のプロジェクトを作成する際に，「ファイル」のメニューから「プロジェクトのマージ」を選択し，この ocl-template ファイルをマージする。デフォルトで java のパッケージが存在するので，これを削除する。これにより，**図 A.1** のように型として，String, Integer, Real, Boolean, Bag<E>, Set<E>, Sequence<E>, OrderedSet<E>, Enumeration のクラスが，クラス図，アクティビティ図，シーケンス図の中で利用できる。例えば，

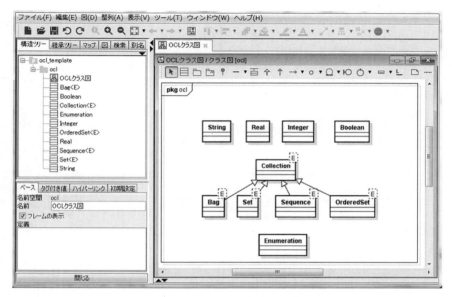

図 A.1　OCL パッケージの定義

　OrderedSet<E> は，E の OrderedSet を表すもので，ジェネリクスとして知られている型変数を扱えるものである。これにより，「予約」の重複のない，順序のある集合を OrderedSet< 予約 > で表すことができる。

　モデリングツールと連携して，モデルをいろいろな観点から評価したり検査したりするツールを開発することは，モデル開発を進める上でも重要である。芝浦工業大学松浦研究室でも，こうした研究を行っている。astah の API を使って，開発者の手助けをするツールづくりに挑戦してみることも，モデルをより理解し，有効活用するために役立つだろう。

A.2　ユースケース「認証する」のプログラム

　5.3 節で説明したユースケース「認証する」のプログラムで，名簿データを外部で作成したファイルから読み込み，データを検索し，認証の判定を行えるようにしたプログラムが，**リスト A.1** である。ここでは，変更のあった「ログイン」，「ユーザ」，「名簿」のクラスのみを掲載している。他のクラスと併せて，コンパイル，実行してみよう。

リスト A.1 「認証する」のプログラム：名簿クラス

```java
1    import java.io.*;
2    public class 名簿 {
3      private ユーザ[] リスト ;
4      private String filename;
5      private Integer number = 0;
6      名簿(String filename){
7         this.filename = filename;
8      }
9
10     public ユーザ 認証データのIDと一致するIDをもつユーザを取得する(String id) {
11        System.out.println(" 認証データのIDと一致するIDをもつユーザを取得する()");
12        for(int i = 0; i < this.リスト .length; i++){
13                if (this.リスト [i].getID().equals(id)){
14                       return this. リスト [i];
15                }
16        }
17        return null;
18     }
19
20     public void ユーザリストを取得する() {
21        System.out.println(" ユーザリストを取得する()");
22        this.lineCount();
23        this.リスト = this.create();
24     }
25
26     private ユーザ[] create(){
27        ユーザ[] records = new ユーザ[this.number];
28        try{
29                File file = new File(this.filename);
30                if (file.exists()){
31                    FileReader in = new FileReader(filename);
32                    BufferedReader reader = new BufferedReader(in);
33                    String line;
34                    this.number =0;
35                    while((line = reader.readLine()) != null){
36                         String[] data = line.split(",", -1);
37                         records[this.number++] = new ユーザ(data[0],data[1],
38                         data[2],Integer.parseInt(data[3]),data[4],data[5]);
39                    }
40                    reader.close();
41                }
42        } catch(FileNotFoundException e){
43                    System.out.println(e);
44        } catch(IOException e){
```

A.2 ユースケース「認証する」のプログラム

```
45                          System.out.println(e);
46          }
47       return records;
48    }
49
50    private void lineCount(){
51       try{
52                          File file = new File (this.filename);
53                          if (file.exists()){
54                          FileReader in = new FileReader(this.filename);
55                          BufferedReader reader = new BufferedReader(in);
56                          String line;
57                          while((line = reader.readLine()) != null){
58                                   this.number++;
59                          }
60                          reader.close();
61          }
62       } catch(FileNotFoundException e){
63                          System.out.println(e);
64       } catch(IOException e){
65                          System.out.println(e);
66       }
67    }
68 }
```

大きな変更は，「名簿」クラスのつぎのメソッドである．

ユーザ　認証データの ID と一致する ID をもつユーザを取得する(String id)

　生成された「ユーザ [ ] リスト」の要素である「ユーザ」の属性 ID が引数の id と一致する「ユーザ」を返すメソッドである．

　探索なので，対象とするデータ構造に依存したアルゴリズムになっている．「ユーザ」の属性 ID は private であるため，これを取得するために，リスト A.3 の 22〜24 行目の getID メソッドを追加している．

void　ユーザリストを取得する()

　名簿クラスの属性「ユーザ [ ] リスト」の値をファイルのデータを読み込んで生成するメソッドである．

ここでは，リストの型がユーザの配列†である．そこで，読み込むデータの数を数えて，配列の大きさを決めている．リストA.1の50行目から67行目のメソッドvoid lineCount() である．

リストA.1の26行目から48行目のメソッドユーザ[ ] create() が，CSV形式の固定ファイルからデータを読み込んで，ユーザの配列を生成している．読み込むファイル名は，起動時に与えることを考慮して，ログインで名簿オブジェクトを生成する際の引数として指定している．コンストラクタは，6〜8行目のように定義した．

名簿クラスのコンストラクタが定義されたため，**リストA.2**の18行目のみが，ログインクラスの定義で変更されている．ログインクラスの変更点はここだけである．ユーザクラスの変更も，属性を取得する，いわゆるゲッターメソッドのみの追加である（**リストA.3**）．

リストA.2 「認証する」のプログラム：ログインクラス

```
1    public class ログイン {
2      private Integer 入力回数 = 1;
3      private Boolean 結果 = false;
4      private ユーザ ユーザ；
5      private バウンダリ バウンダリ；
6      private 名簿 名簿；
7      public static void main(String[] args){
8        ログイン ログイン = new ログイン();
9        ログイン.認証する();
10     }
11     public void 認証する() {
12       System.out.println(" 認証する()");
13       バウンダリ = new バウンダリ();
14       while(this.結果 ==false && this.入力回数 <=3){
15         バウンダリ.ログインIDとパスワードを要求する();
16         String id = バウンダリ.ログインIDを入力する();
17         String passwd = バウンダリ.パスワードを入力する();
18         名簿 = new 名簿("meibo.csv");
19         名簿.ユーザリストを取得する();
20         ユーザ = 名簿.認証データのIDと一致するIDをもつユーザを取得する(id);
21         if ( ユーザ != null){
```

---

† ここでは，初学者がよく知っているという意味で，配列を用いた．データの数がわからない場合には，固定長の配列にせずに，可変長の配列にしたほうがよい．例えば，ArrayListを用いると，単にデータを入れていけばよいので，このメソッドは必要ない．使い方をAPIで調べて，試してみよう．

```
22        this.結果 = ユーザ.パスワードが一致するかを判定する(passwd);
23        if (this.結果 == true){
24                this.ログインする();
25        } else {
26                this.状態を変更する();
27                バウンダリ.メッセージを表示する(" 入力された ID またはパスワードは正しくありません ");
28        }
29     } else {
30       this.状態を変更する();
31       バウンダリ.メッセージを表示する(" 入力された ID またはパスワードは正しくありません ");
32     }
33   }
34 }
35   public void ログインする() {
36      System.out.println(" ログインする()");
37   }
38   public void 状態を変更する() {
39      this.入力回数 +=1;
40      System.out.println(" 状態を変更する()"+" 入力回数 =" + this.入力回数 );
41   }
42 }
43
```

リスト A.3 「認証する」のプログラム：ユーザクラス

```
1  public class ユーザ {
2    private String ID;
3    private String 氏名;
4    private String フリガナ;
5    private Integer 学年;
6    private String 所属;
7    private 認証情報 認証情報;
8
9    ユーザ (String id, String name, String kana, Integer grade, String dep, String passwd){
10       this.ID = id;
11       this. 氏名 = name;
12       this. フリガナ = kana;
13       this. 学年 = grade;
14       this. 所属 = dep;
15       this. 認証情報 = new 認証情報(passwd);
16   }
17   public Boolean パスワードが一致するかを判定する(String passwd) {
18            String pw = this.認証情報.パスワードを取得する();
```

```
19                System.out.println(" パスワードが一致するかを判定する()");
20                return pw.equals(passwd);
21        }
22   public String getID(){
23        return this.ID;
24   }
25 }
```

クラスの構造に対して，変更の及ぶ範囲を改めて考えてみよう。

なお，ここで用いた meibo.csv は，**表 A.1** のようなものである。左から，ID，氏名，フリガナ，学年，所属，パスワードである。

表 A.1

P100018	A 山 B 太郎	a ヤマ b タロウ	1	電子情報	P100018
P100026	A 木 B 太郎	a キリ b タロウ	1	電子情報	P100026
P100034	A 野 B 馬	a ノテ b	1	電子情報	P100034
P100042	A 田 B 紀	a ダミ b リ	1	電子情報	P100042
P100059	A 田 B 太	a ダリ b タ	1	電子情報	P100059
P100067	A 川 B 彦	a カワタ b コ	1	電子情報	P100067

引用・参考文献

1) IEEE Computer Society：IEEE Recommended Practice for Software Requirements Specifications, IEEE Std 830-1998（1998）
2) UML：http://www.omg.org/uml/
3) E. Gamma, R. Helm, R. Johnson and J. Vlissides：Design Patterns, Addison-Wesley（1995）
4) M. Fowler, K. Beck, J. Brant, W. Opdyke and D. Roberts：Refactoring: Improving the Design of Existing Code, Addison-Wesley（1999）
5) MDA：http://www/omg.org/mda/
6) J. Warmer and A. Kleppe：The Object Constraint Language, Second edition, Getting Your Models Ready for MDA, Addison-Wesley（2003）
7) 千葉　滋：アスペクト指向ソフトウェア開発とそのツール，情報処理，**45**，1, pp.28-33（2004）
8) AspectJ：http://www.eclipse.org/aspectj/
9) Yoshitaka Aoki and Saeko Matsuura：Verifying Security Requirements using Model Checking Technique for UML-Based Requirements Specification, Proc. of 1st International Workshop on Requirements Engineering and Testing, pp.18-25（2014）
10) 独立行政法人 情報処理推進機構："CC/CEM バージョン 3.1 リリース 3", http://www.ipa.go.jp/security/jisec/cc/index.html
11) astah：http://astah.change-vision.com/ja/

索引

【あ】

アクション　　　　　　　　117
アクションのクラスの操作
　　への割当て　　　　　135
アクションノード　　　　　17
アクションの役割　　　　　67
アクター　　　　　14, 16, 31
　　——の役割　　　　　103
アクティビティ　　　　　117
アクティビティ図
　　　　　　　12, 14, 16, 30
アスペクト指向　　　　　207

【い】

移植性　　　　　　　　　　5
イテレータ　　　　　　　174
イテレータパターン　　　163
イベント　　　　　　　　117
インスタンス　　　　　　 93
インスペクション　　　　 33
インタフェース　　　　　161
インタラクションの役割　103

【え】

永続化したデータの取得
　　　　　　　　　　　 196
エンティティクラス　 87, 103
エンティティの役割　　　103

【お】

同じ意図　　　　　　　　177
オーバーライド　　　　　155
オーバーロード　　　　　153
オブジェクト　　　　 11, 101

オブジェクト指向　　　　 11
オブジェクト図　　　　12, 88
オブジェクトノード　 14, 18

【か】

開発プロセス　　　　　　　9
拡　張　　　　　　　　　 64
活性区間　　　　　　　　101
ガード　　　　　　　 18, 117
関心の分離　　　　　　　202
関　連　　　　　　　 38, 39
　　——の名前　　　　　 39
　　——の向き　　　　　 39
関連クラス　　　　　　　 90

【き】

機　能　　　　　　　　　　3
機能性　　　　　　　　　　4
機能要求　　　　　　　　　5
基本型　　　　　　　　　205
基本型と集合　　　　　　 39
基本フロー　　　　 8, 31, 67
キュー　　　　　　　　　168

【く】

クラス　　　　　　　　　 11
　　——の共通部分のまとめ方
　　　　　　　　　　　 152
　　——の構成要素　　　153
　　——の責務
　　　　　 100, 119, 133, 150, 152
　　——の操作に割り当てる
　　　　　　　　　　　 187
　　——へ操作を割り当てる
　　　　　　　　　　　 102

　　——への振舞いの割当て　88
クラス図　　　　12, 30, 51, 69
　　——の確認方法　　　100

【け】

継　承　　　　　　　154, 161
厳密化・形式化　　　　　202

【こ】

構　造　　　　　　　　　　9
　　——の設計　　　　　149
構造図　　　　　　　　　 12
効率性　　　　　　　　　　5
コミュニケーション図　　 13
コンストラクタ　　　　　124
コントロールの役割　　　103
コンポーネント図　　　　 12

【さ】

再利用　　　　　　　　　184
再利用しやすい構造　　　152
サービス　　　　　　　　　1
サブアクティビティ　　　 64
サブクラス　　　　　　　161
差　分　　　　　　　　　155

【し】

シグネチャ　　　107, 121, 156
　　——を決定する　　　188
シーケンス図　　　　13, 100
　　——の分析の確認方法
　　　　　　　　　　　 115
　　——へのマッピング　103
事後条件　　　　　　 31, 67
システム　　　　　　　　　1

索　引

――の目標　42, 57
――の目標の見直し　61
――の役割　103
事前条件　31, 67, 112, 114
事前条件・事後条件　105
実　装　2
シナリオ　43
集合を表すコレクション型
　　205
出　力　7
ジョインノード　69
使用性　4, 28
状　態　117
状態遷移　117
処理手順　7
信頼性　5

【す】

スケルトンコード　126, 200
ステークホルダー　33
ステートマシン図　13, 116
ステレオタイプ　16
スーパークラス　161

【せ】

制御構造をもつシーケンス
　図　102
セキュリティ機能方針　208
セキュリティの規則　208
セキュリティ要求　185, 207
設　計　2
設計時のモデリングの観点
　　149
漸増的開発　202

【そ】

相互作用概要図　13
相互作用図　13
操　作　18
　――のクラスへの割当て
　　131
　――のシグネチャ　107, 140
双方向関連　93

属　性　18
　――の制約　94
ソフトウェア　1
ソフトウェア品質特性　4

【た】

代替フロー　31
タイミング図　13
多重度　39
多対多の関係　52
段階的詳細化　8
単方向関連　93

【ち】

抽象化　202
抽象クラス　161, 181
抽象メソッド　161, 181

【て】

定義本体の差分　157
ディレクトリの探索　163
デザインパターン　163
デシジョンノード　18
データ構造　13
データのCRUD　46
データモデリング　95
テンプレートメソッド
　パターン　163, 173

【と】

トレーサビリティ
　　119, 184, 204

【に】

入出力　147
　――の方法　144
入　力　7

【は】

配置図　12
バウンダリクラス
　　87, 142, 196
バウンダリの役割　103

派生属性　99
パッケージ　87
パッケージ図　12
パーティション　17, 67

【ひ】

非機能要求　5

【ふ】

フィールド　126
フォークノード　69
複合構造図　12
不変条件　73, 78
振舞い　9
　――の設計　149
振舞い系列　9, 13
振舞い図　12
プログラム　1
　――のクラス図の変化
　　183
プロダクト　2
分割統治　8

【へ】

変化しないもの　170
変化するもの　170
変化の予測　202

【ほ】

包　含　64
保守性　3, 5, 29, 149, 152

【ま】

マージノード　18
マッピング　128, 136

【め】

メソッド　121
メッセージ　101

【も】

モジュール　9
モジュール化　202

モデリングツール	*204*
モデリングの核になる構造	*86*
モデリングの観点	*9*
モデリングの観点と作業	*83*
モデル	*9, 119*
問題の一般化	*202*

【ゆ】

誘導可能性	*91, 93*
ユーザインタフェース	*150*
ユースケース	*13, 31*
——の拡張	*64*
——の抽出	*45*
——の候補	*47*
ユースケース記述	*16, 30*
ユースケース図	*12, 13, 16, 30, 48, 63*
ユースケース「認証」	*184*

【よ】

要求仕様書	*6*
要求分析	*2*
要求分析から実装までのモデリングの核になる構造	*11*

【ら】

ライフサイクル	*3*
ライフライン	*101*

【り】

リスク	*59*
リバース	*127*
リファクタリング	*163*
リンク	*89*

【れ】

例外フロー	*8, 31, 75*
レビュー	*33*

【ろ】

ロール	*39*

【C】

CRUD	*31*
CUI	*142, 196*
CUI と GUI	*85, 150*

【G】

GUI	*144*

【I】

is-a 関係	*154*

【M】

MDA	*205*

【O】

OCL	*205*
——の型	*205*

【S】

SFP	*208*

【T】

try catch 構文	*109, 165*

【U】

UML	*12*

【W】

Web アプリケーションの基本的な構造	*134*

―― 著者略歴 ――

- 1979年　津田塾大学学芸学部数学科卒業
- 1982年　津田塾大学大学院修士課程修了（数学専攻）
- 1985年　津田塾大学大学院博士課程単位取得退学（数学専攻）
- 1985年　株式会社 管理工学研究所研究員
- ～2002年
- 2001年　博士（情報科学）（早稲田大学）
- 2002年　芝浦工業大学助教授
- 2006年　芝浦工業大学教授
  　　　　現在に至る

ソフトウェア設計論 ―役に立つ UML モデリングへ向けて―
Software Design Methodology ―Towards Useful UML Modeling―
Ⓒ Saeko Matsuura　2016

2016年10月13日　初版第1刷発行　　　　　　　　　　★

検印省略	著　者	松　浦　佐江子
	発行者	株式会社　コロナ社
	代表者	牛来真也
	印刷所	萩原印刷株式会社

112-0011　東京都文京区千石 4-46-10
発行所　株式会社　コロナ社
CORONA PUBLISHING CO., LTD.
Tokyo Japan
振替 00140-8-14844・電話 (03) 3941-3131 (代)
ホームページ http://www.coronasha.co.jp

ISBN 978-4-339-02681-8　　（金）　（製本：愛千製本所）
Printed in Japan　　本書のコピー，スキャン，デジタル化等の無断複製・転載は著作権法上での例外を除き禁じられております。購入者以外の第三者による本書の電子データ化及び電子書籍化は，いかなる場合も認めておりません。

落丁・乱丁本はお取替えいたします

コンピュータサイエンス教科書シリーズ

(各巻A5判)

■編集委員長　曽和将容
■編集委員　　岩田　彰・富田悦次

配本順			頁	本体
1.	(8回)	情報リテラシー　　　立花 康夫／曽和将容／春日秀雄 共著	234	2800円
4.	(7回)	プログラミング言語論　大山口 通夫／五味 弘 共著	238	2900円
5.	(14回)	論理回路　　　　　　曽和将容／範 公可 共著	174	2500円
6.	(1回)	コンピュータアーキテクチャ　曽和将容 著	232	2800円
7.	(9回)	オペレーティングシステム　大澤範高 著	240	2900円
8.	(3回)	コンパイラ　　　　　中田育男 監修／中井央 著	206	2500円
10.	(13回)	インターネット　　　加藤聰彦 著	240	3000円
11.	(4回)	ディジタル通信　　　岩波保則 著	232	2800円
13.	(10回)	ディジタルシグナルプロセッシング　岩田 彰 編著	190	2500円
15.	(2回)	離散数学 ―CD-ROM付―　牛島和夫 編著／相利民／朝廣雄一 共著	224	3000円
16.	(5回)	計算論　　　　　　　小林孝次郎 著	214	2600円
18.	(11回)	数理論理学　　　　　古川康一／向井国昭 共著	234	2800円
19.	(6回)	数理計画法　　　　　加藤直樹 著	232	2800円
20.	(12回)	数値計算　　　　　　加古孝 著	188	2400円

以下続刊

2. データ構造とアルゴリズム　伊藤大雄 著　　3. 形式言語とオートマトン　町田元 著
9. ヒューマンコンピュータインタラクション　田野俊一 著　　12. 人工知能原理　嶋田・加納 共著
14. 情報代数と符号理論　山口和彦 著　　17. 確率論と情報理論　川端勉 著

定価は本体価格+税です。
定価は変更されることがありますのでご了承下さい。

図書目録進呈◆